基礎 電気回路

工学博士 内藤 喜之 著

コロナ社

蒋复璁回忆录

三民书局印行

序　文

　本書"基礎電気回路"は大学低学年電気関連工学科の学生，電気関連工学以外の高学年の学生，高等専門学校の学生を対象として書かれたものである．
　"電気回路"はいまや電気系学生のみならず，他の工学科学生の必須科目でもある．それ故現在まで多くの著書が出版され，多くの良書がある．それにもかかわらず本書を書く気になったのは，従来の成書はあまりに多くをもりこんでいて，上記の学生諸君が，何が Essential であるかつかみにくいのではないであろうかと感じたからである．
　著者はこれまでに東京工大の電気以外の学生と高等専門学校の学生に10年余り"基礎電気回路"を講義してきた．その経験を基にして，本書の構想をねりあげた．
　電気回路は直流の"オームの法則"にはじまり，交流の複雑な回路の"オームの法則"に終わると著者は考えている．そのような考えに基づき，第0章から第9章まで順をおって有機的に組み立てたつもりである．
　本書の内容を完全に理解すれば"電気回路"の基礎は十分に習得しえたといえると信じている．より専門的学科目を学んでゆく上にも不自由は感じないであろう．
　"電気回路"の成書の多くは，公式や数式の羅列であると感じられてもいたしかたがない書き方をしているが，本書では電気工学，電気回路学上での歴史的発見，発明に対して，先人の苦労をしのんでエピソード的な説明を加えることで，内容にうるおいをもたらすと共に，読者諸君がますます"電気関連工学"に興味をおぼえるように心がけた．
　また演習問題および詳細な解答をつけ加えることによって学習効果が上がるようにもしている．

序　文

　本書を書くにあたって，著者が勉強した多くの書の著者に感謝の意を表わします．

　またこの本の出版にあたってお世話になった昭晃堂の阿井社長，編集部の佐々木さんにお礼を申しのべます．

　　昭和51年7月

東京，大岡山にて
内 藤 喜 之

　本書を発行していた昭晃堂が2014年6月に解散したことに伴い，この度，コロナ社より継続出版することになりました．昭晃堂にて昭和51年9月の1刷発行から45刷までに至っておりますが，引き続き多くの方にご拝読いただき役に立つならば，出版社としてこの上ない喜びです．

　　2014年12月

コ ロ ナ 社

目　　次

第0章　対象とする波形と回路

0.1　取り扱う時間波形 …………………………………………………………… 1
0.2　取り扱う電気回路 …………………………………………………………… 4
　問　題 …………………………………………………………………………… 7

第1章　直　流　回　路

1.1　直流電源，オームの法則 …………………………………………………… 9
1.2　抵抗の接続（直列，並列，直並列） ………………………………………12
1.3　キルヒホッフの法則 …………………………………………………………14
1.4　重ねの理 ………………………………………………………………………16
1.5　直流電力，整合 ………………………………………………………………18
　問　題 ……………………………………………………………………………21

第2章　正弦波交流と回路素子

2.1　正弦波交流と複素表示 ………………………………………………………22
2.2　回路素子の性質 ………………………………………………………………26
2.3　簡単な交流回路の複素数による計算 ………………………………………34
2.4　交流電力 ………………………………………………………………………44
　問　題 ……………………………………………………………………………50

第3章　正弦波交流回路

3.1　インピーダンスZ，アドミタンスY ………………………………………54
3.2　直列共振回路と並列共振回路 ………………………………………………58

3.3 相互誘導回路，理想トランス …………………………………64
3.4 整合回路 ………………………………………………………68
3.5 ブリッジ回路 …………………………………………………70
3.6 フィルタ ………………………………………………………72
問題 ………………………………………………………………75

第4章 一般回路の定理

4.1 重ねの理 ………………………………………………………79
4.2 鳳-テブナンの定理 ……………………………………………80
4.3 ノートンの定理 ………………………………………………85
4.4 補償の定理 ……………………………………………………88
4.5 可逆の理 ………………………………………………………92
4.6 双対の理 ………………………………………………………94
4.7 逆回路 …………………………………………………………99
4.8 定抵抗回路 ……………………………………………………102
4.9 定電流回路と定電圧回路 ……………………………………104
4.10 Y-Δ 変換 ……………………………………………………105
問題 ………………………………………………………………107

第5章 周期波（正弦波以外の）の取り扱い

5.1 非正弦波周期波形とフーリエ級数 …………………………110
5.2 電気回路とフーリエ級数 ……………………………………116
問題 ………………………………………………………………120

第6章 過渡現象

6.1 回路と微分方程式 ……………………………………………122
6.2 初期条件 ………………………………………………………129
6.3 簡単な回路の過渡現象 ………………………………………130

問　題 ……………………………………………………………… 136

第7章　フーリエ変換とラプラス変換

7.1　フーリエ変換 ……………………………………………………… 137
7.2　フーリエ変換と回路 ……………………………………………… 142
7.3　ラプラス変換 ……………………………………………………… 144
7.4　ラプラス変換と回路 ……………………………………………… 148
　問　題 ……………………………………………………………… 152

第8章　分布定数回路

8.1　分布定数回路の基本式 …………………………………………… 154
8.2　基本式の解（波動） ……………………………………………… 159
8.3　反射係数，インピーダンス ……………………………………… 164
8.4　定在波分布 ………………………………………………………… 171
8.5　スミスチャート ……………………………………………………… 175
8.6　インピーダンス …………………………………………………… 179
8.7　整合回路 …………………………………………………………… 183
　問　題 ……………………………………………………………… 185

第9章　回路の表現形式

9.1　はじめに …………………………………………………………… 187
9.2　4端子回路 ………………………………………………………… 188
9.3　(Z) 行列，(Y) 行列 …………………………………………… 193
9.4　(F) 行列 ………………………………………………………… 199
　問　題 ……………………………………………………………… 204

問題解答 ……………………………………………………………… 206
あとがき，参考文献 ………………………………………………… 223

用語の英語 …………………………………………………… 224
索　引 ……………………………………………………… 227

第0章
対象とする波形と回路

0.1 取り扱う時間波形

電気回路とは，電源を接続すると電荷の流れが生じ，その内部で電磁的な現象（電流が流れたり，電圧が発生したり，電気エネルギーや磁気エネルギーが蓄えられたり，電磁気エネルギーが他の形態のエネルギーに変換されたり）が起こり得るようなものを総称した名称である．加えた電源（これを**励振**または**入力**とよぶ）に対して，関心のあるところに発生する電圧や流れる電流，または関心のあるところで消費される電気エネルギー等を**応答**とか，**出力**とよんでいる．関心のもち方によって，出力は電圧の場合もあるし，電流や消費されるエネルギーの場合等がある．

電気回路で学ぶことは，励振（入力）に対して，どのような応答（出力）が得られるであろうかということを，一般的な法則として認識すると同時に，個個の代表的な回路について，具体的知識として把握することであろう．また，その入力から出力を得る解析的方法も同時に習得することになろう．

入力や出力が時間的にどのように変化するかということが，関心事の一つになるが，それらを入力波形（入力信号波形），出力波形（出力信号波形）とよぶこともある．

電気回路で取り扱う波形には種々のものがある．

実際問題としては，無限の遠い過去から入力があったとは考えられないから，電源を接続した時刻（$t=0$ としよう）から入力信号がはじまり，それにと

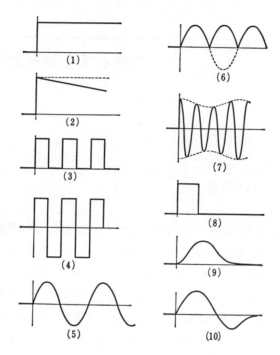

図 0.1

もなって出力信号も発生することになる．代表的な波形を図 0.1 に示しておこう．また無限の遠い将来まで波形がつづくことも実際上はないであろうから，これらの波形は有限時間 T_L に対して $t>T_L$ では 0 となるであろう．

このような種々の波形を一つ一つ case by case に取り扱うのは，全く能率が悪い．幸いにもフーリエ解析によると，われわれが物理現象として取り扱う波形は図 0.2 に示す $-\infty$ から $+\infty$ までに存在

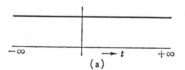

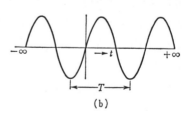

図 0.2

する二つの波形のよせ集めと考えられるという結論になる．(a) は $-\infty < t < \infty$ で

$$f(t) = E_0 \tag{0.1}$$

と表わされる信号波形で，(b) は $-\infty < t < \infty$ で

$$f(t) = E\sin(\omega t + \varphi) \tag{0.2}$$

の形式で表わされる信号波形である．

図0.1，0.2において波形を分類してみると，縦軸すなわち $f(t)$ の値に着目して，$f(t)$ が定符号の場合に**広義の直流**といい（1，2，3，6，8，9），$f(t)$ が符号プラス，マイナスになる場合を**広義の交流**という（4，5，7，10）．

時間軸すなわち横軸に着目し，$-\infty < t < \infty$ で，有限の T に対して（$T \neq 0$）

$$f(t) = f(t+T) \tag{0.3}$$

の関係があるとき，$f(t)$ を**周期波**とよび，T の最小値を周期とよぶ．それ以外の波を**非周期波**とよぶ．非周期波には非常に広い範囲の波形が考えられ，図0.1のものはすべてそうである．

図0.2の (b) は周期波であり，その周期は

$$\text{(b)} \quad T = \frac{2\pi}{\omega} = \frac{1}{f} \tag{0.4}$$

である．T の逆数を**周波数**とよぶ．

図0.1の (3)，(4)，(5)，(6) で同一波形が $t < 0$ にもあれば周期波である．

周期波 $f_1(t)$ と周期波 $f_2(t)$ との和 $f(t) = f_1(t) + f_2(t)$ は，周期波になる場合と非周期波になる場合とがある．それは，それぞれの周期 T_1，T_2 の比が有理数のときには前者となり，無理数のときは後者となる．たとえば

$$f(t) = E_1 \sin(\omega_1 t + \varphi_1) + E_2 \sin(2\omega_1 t + \varphi_2) \tag{0.5}$$

は前者で

$$f(t) = E_1 \sin(\omega_1 t + \varphi_1) + E_2 \sin(\sqrt{2}\,\omega_1 t + \varphi_2) \tag{0.6}$$

は後者である．

つぎに $-\infty < t < \infty$ の中のある有限な時間間隔のみ値をもち他では 0 とな

る波形を**弧立波**とよぶ．現実にわれわれが扱う波形は厳密な意味では弧立波である．

このように波形の分類ができるのであるが，Fourier 解析の結果から は図0.2に示す (a)，(b) の合成で，他の波形を表わすことができるので，電気回路で取り扱うべき波形としては，まずこの2種に限定してもよいであろう．これらの波形の入力に対する応答を学んだあとに，一般的波形入力に対する応答を学ぶことにする．

狭い意味では，図0.2の (a) を**直流** (Direct Current)，(b) を**交流** (Alternating Current) とよぶことにしている．

0.2 取り扱う電気回路

次にこの本の中で考察対象とする電気回路について説明を加えておく．抽象的に電気回路を図0.3のように示しておこう．

図 0.3

（1） 線形回路

入力信号がそれぞれ $f_1(t)$, $f_2(t)$ のときの出力信号が $g_1(t)$, $g_2(t)$ であるとしよう．そのとき，入力信号 $f(t)$ として

$$f(t) = a_1 f_1(t) + a_2 f_2(t) \tag{0.7}$$

a_1, a_2 を任意定数

と設定したとき，出力信号 $g(t)$ が

$$g(t) = a_1 g_1(t) + a_2 g_2(t) \tag{0.8}$$

となる回路のことを**線形回路**とよぶ．すなわち，ひらたくいうと入力が2倍，3倍となると出力も2倍，3倍となるような回路のことを線形回路とよんでいる．

この性質がない回路のことを**非線形回路**という．たとえば，図0.4に示すような電圧，電流特性をもつダイオードは非線形回路の一つである．任意に設定

した電圧 v_0（このときの電流 i_0）の2倍の電圧 $v_1=2v_0$ のときの電流 i_1 は $2i_0$ とは等しくない．

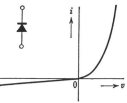

図 0.4

（2） 時不変回路

入力 $f(t)$ に対する出力を $g(t)$ とするとき，任意の時間 τ だけ入力を遅らせた入力 $f(t-\tau)$ の出力が $g(t-\tau)$ である回路を**時不変回路**という．この性質をもたない回路を**時変回路**という．図0.5に図を示しておこう．

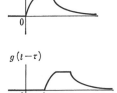

図 0.5

これは回路を構成している素子の電気的特性が時刻と共に変化するかどうかにかかわるもので，素子値が時不変であれば回路も時不変で，時変であれば回路は時変回路となる．

（3） 受動回路

入力信号がもたらすエネルギー P_i と出力信号がもっているエネルギー P_o を比較して

$$P_i < P_o \qquad (0.9)$$

となることがない回路を**受動回路**という．

式 (0.9) が成り立つ回路を**能動回路**とよぶ．

この本で取り扱う電気回路は，線形，時不変，受動回路である．

実際の電気回路が，厳密な意味で線形，時不変であるかというと，問題があるであろう．

簡単な話が，抵抗器に電圧をかけ電流を流すと，熱が発生して，抵抗値が時時刻々変化するであろう．とすると線形性も時不変性も満足されなくなるであ

ろう．物理的実体をどこまでも厳密に把握しようとすると，大変複雑な問題となり手におえなくなる．そこで本質は失わない範囲で問題を整理して物理現象をつかみ，その現象を利用した機器を設計してゆくという方法論がとられている．たとえば，太陽系における地球の運動を論ずる場合には，大体のところ太陽も地球も月も大きさのない，質量だけがある質点とみなしてもよいとか，実際われわれが描く図形等は太さがあるにもかかわらず，それを理想化し，大きさのない点とか太さのない直線を考えて，図形のもっている性質をつかんでゆく（ユークリッド幾何学）等々，同じ方法論によっている．

電気回路を取り扱う際にも，このような考えを用いて，実際の電気回路を整理し，理想化して，体系化しやすい（ただし本質は失わないで……本質を失わないかどうかは，体系化してでてきた理論上の結論と実験結果とをくらべて，要求の精度内または実験誤差内で一致するかどうかを確かめることによってはじめて行なわれる）形式にまとめあげることが必要になる．先人がそのような試みをして，現在，受け入れられているのが線形・時不変回路で，ある種の電気回路は体系化できるということである．

以上の条件の下に回路は次の二つに分類される．それは入力信号と出力信号との時間応答に関する考察から生まれるものである．回路に入力信号 $f(t)$ が $t=0$ から加わるとすると，出力信号 $g(t)$ は $t<0$ にはないはずである．これを**因果律**を満たすという．すなわち，原因の入力よりも，その結果の出力の方が時刻的に先に現われることはないということである．これは一応万人の認めるところであろう．

次に出力信号が $t\geqq 0$ で現われてくるのであるが，電気信号の伝わり方は有限の速度である（真空中で $c=2.998\times 10^8\,\mathrm{m/s}\fallingdotseq 3\times 10^8\,\mathrm{m/s}$. これは理論値ではなく，実測値である）ことから，出力信号が現われるまでに時間がかかることになる．これを伝送時間 T_t とよぼう．もし，入力信号の時間変化がゆっくりで，$f(t)$ と $f(t+T_t)$ とがあまり変化しないとすると，出力信号 $g(t)$ と $g(t+T_t)$ の間にもたいした差はない．このようなときには $g(t+T_t)\fallingdotseq g(t)$ とおける．このようにおいてよい電気回路を**集中定数回路**といい，$f(t)$ の時

間変化がはげしくて，以上のように近似できないときに，その回路を**分布定数回路**という．

厳密には，実際の回路には大きさがあるから $T_t \neq 0$ であって $g(t) \neq g(t \div T_t)$ である．したがって，すべての回路が分布定数回路といわれるべきであるが，上のような集中定数回路（すなわち伝送時間 $T_t = 0$ とみなすことに相当する）の範ちゅうで処理できる現実問題がたくさんあるので，集中定数回路をわざわざもうけて考察することは大いに意味があるのである．数学的には，集中定数回路の解析は**常微分方程式**で，分布定数回路の解析は，**偏微分方程式**でなされることになる．

本書の構成を述べておくと，まず第1章で直流（図0.2 (a)）に対する電気回路（直流回路という）の特性を述べ，第2～4章で交流（図0.2 (b)）に対する集中定数回路（交流回路）の特性，第5,6章で図0.1で示した波形の取り扱いおよび集中定数電気回路特性，第8章で交流に対する分布定数回路特性，第9章で集中，分布を問わず一般回路の表現形式についてふれることにする．

問　題

(1) 図0.6(a), (b) の波形 A, B および ①, ②, ③ の振幅，周波数，角周波数周期，初位相はそれぞれいくらか．また式で表現せよ．

(2) 次の式で表わされる正弦波波形について，振幅，周波数，周期，初位相を求めよ．ただし，v はボルト，t は秒で測っているとする．

(i)  $v = 30\cos(314t - \pi)$

(ii) 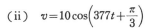 $v = 10\cos\left(377t + \dfrac{\pi}{3}\right)$

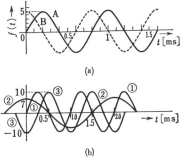

図 0.6

(iii) $v = 40\cos\left(1.36\times 10^4 t - \dfrac{\pi}{2}\right)$

(3) $e = E_m \cos\omega t$ に対して，位相が次の関係にある波形を描け．

(i) 45°進み　　(ii) 135°進み　　(iii) 120°遅れ　　(iv) 180°遅れ

(4) 角周波数 ω が等しい二つの正弦波交流の和はやはり角周波数 ω の正弦波交流になることを示せ．

(5) 角周波数がわずかに違う二つの正弦波について，次の場合にその和を求めよ．

$$e_1 = E_{m1}\cos\omega_1 t$$

$$e_2 = E_{m2}\cos\omega_2 t \qquad \omega_2 = \omega_1 + \omega_0, \quad \left|\dfrac{\omega_0}{\omega_1}\right| \ll 1$$

(i) $E_{m1} = E_{m2}$

(ii) $E_{m1} \gg E_{m2}$

その変化の様子を図で示せ．

第1章

直 流 回 路

1.1 直流電源,オームの法則

　直流回路はいうまでもないが,オームの法則は交流回路に対しても考え方の上で重大な意味をもつものである.オームの法則自身,現在では小学校の理科で習う事項となっているが,オームがこの法則を見出した頃(1827年)は,この研究が時代の最先端であったのである.いつの時代においても最先端の研究には多くの失敗,試行錯誤がつきものである.オーム自身は,われわれが現在これをあたりまえのごとくに習っているのとは違って,この法則の発見のために種々の失敗と誤りをくりかえし,しだいに認識を深めていって,この偉大な法則を発見したのである.オームの時代に,電圧,電流の概念はあったが,**抵抗**という概念はなかった.オームの実験によって電気抵抗という概念ができたのである.現在のような電圧計も電流計もなく,またよい電池もなかった時代にオームは,この法則を見出したのである.

　電流の量の測定には,電気分解によって生じる気体の量を用いたとのことである.現在の姿のオームの法則を発見したときに使用した電源は熱電対(2種の異なる金属線の接続点の温度を異なった温度に保つと,その回路中に起電力が発生する)であったとされている.

　オームがいい出した事実は,図1.1のように熱電対と他の線(この長さ l は可変)を接続し,l を変えて,電気分解によるガスの発生量 I (電流に比例する量であるから I と書いておく)を測定し,その実験データを数式表現すると

$$I = \frac{E_0}{R_1 + R_l} \qquad (1.1)$$

となるということである．ここで E_0, R_1 は一定値で，R_l は AA′ に接続する線の長さに比例する．すなわち

$$R_l \propto l \qquad (1.2)$$

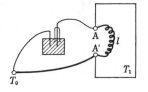

図 1.1

である．

これを現代風に解釈すると，AA′ から左側を暗箱に入れ電源と見なしたとすると，E_0 が電源の**開放電圧**で，R_1 が電源の**内部抵抗**，R_l が長さ l の抵抗線の**抵抗**ということになるのである．この R_l について，用いる線の材質，断面の形状や面積 S を変えて検討すると，断面形状には関係せずに

$$R_l = \rho \frac{l}{S} \qquad (1.3)$$

となることが実験的に求まった．ρ のことを材質の**固有抵抗**とよんでいる．

現在，直流電源としては電池が広く用いられているが，その電気的特性はオームがいいだしたようにその開放電圧 E_0 と内部抵抗 R_i で表わされる．それを記号的に図 1.2 (a) で表わす．

この電源に抵抗 R_l が接続されるとすると，式 (1.1) から，電流 I として

(a)

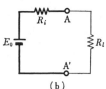
(b)

図 1.2

$$I = \frac{E_0}{R_i + R_l} \qquad (1.4)$$

が求まる．

この式を

$$E_0 - IR_i - IR_l = 0 \qquad (1.5)$$

と表わし $-IR_i$, $-IR_l$ をそれぞれ内部抵抗 R_i，抵抗 R_l による**逆起電力**（マイナス符号がついているので電源の E_0 とは逆という意味で）とよぶ．

1.1 直流電源, オームの法則

また
$$E_0 = IR_i + IR_l \tag{1.6}$$
と表わし, IR_i, IR_l をそれぞれ R_i, R_l による電圧降下とよぶ.

オームの法則をここで述べると, 抵抗 R に電流 I が流れたときに, その抵抗 R による**電圧降下**(もしくは抵抗 R の両端の電圧) E は
$$E = RI \tag{1.7}$$
と表わされるということになる.

以上は, 実験事実から導かれた結論であり, これは R が一定のときは線形性をもっている. すなわち, $I = I_1$ のとき $E_1 = RI_1$, $I = I_2$ のとき $E_2 = RI_2$. したがって $I = I_1 + I_2$ のときの E は $E = R(I_1 + I_2) = RI_1 + RI_2 = E_1 + E_2$ である. 式 (1.7) が I のどの程度の大きさまで成り立つのかははっきりしていない. すなわち, R を定数とみなしうるのはどの程度の I までか? 実験した範囲では成り立つとしても, それ以外の範囲で成り立つとは保証されていない. そこでわれわれは, I の大きさに関係せずに式 (1.7) を満たすような**数学的**(または理想的)**抵抗**というものを式 (1.7) を用いて逆に定義するのである. これが現実の問題を理想化して体系を作ってゆくことに相当するのである.

電源に対しても次のような理想化を行なう. それは, 式 (1.6) では, 抵抗 R_l に電流が流れると, 内部抵抗 R_i による電圧降下 $R_i I$ で, 図 1.2 (b) の端子 AA′ では $E_0 - R_i I$ の電圧しか, すなわち抵抗 R_l には $E_0 - R_i I$ の電圧しかかからない. この値は R_l がかわればかわる.

しかし, 現実には存在しないけれども $R_i = 0$ としてみると, R_l に, R_l の値に関係せずに E_0 の電圧がかかることがわかる.

そこで, ここでも次のような二つの**数学的**(理想的)**電源**を定義する.

一つは**数学的電圧源**で, 内部抵抗が 0 で, 流れる電流値に関係せずに, 一定の起電力 E_0 を提供するもの. もう一つは, **数学的電流源**で, 電源の両端の電圧に関係せずに, 一定の電流 I_0 を外部回路に提供するもの.

前者についていうと, 図 1.2 の R_i を図 1.3 のよう

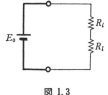

図 1.3

に電源の一部と考えずに，外部回路の中にとり入れて，E_0 の部分だけを改めて電源とみなすことに相当している．

この二つを図1.4に示す記号で表わすことにする．

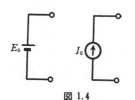

図 1.4

以後は数学的とか理想的という言葉はいちいちつけないことにする．

1.2 抵抗の接続（直列，並列，直並列）

以上は抵抗が一つのときであったが，このような抵抗がいくつも接続されたとなると，その合成の抵抗はいくらになろうかということが問題となる．種々の接続方法が考えられようが，その中の代表的なものとして，図1.5の場合を考えてみよう．

（1）直列接続

図1.5(a) の接続では各抵抗に流れる電流は共通である．この接続を**直列**とよぶ．各抵抗による電圧降下は $E_1=R_1I$, $E_2=R_2I\cdots\cdots$, $E_n=R_nI$ で，総まとめにした AA′ 間の電圧降下 E は $E=E_1+E_2+\cdots+E_n$ となる．

したがって，全抵抗（AA′ 間の抵抗）R は

$$R=\frac{E}{I}=R_1+R_2+\cdots\cdots+R_n \tag{1.8}$$

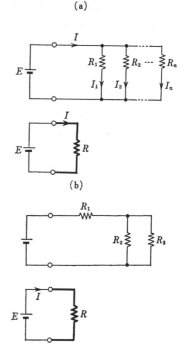

図 1.5

となる.これから直列接続では $R > R_i$ $(i=1, 2, \cdots, n)$ である.

(2) 並列接続

図1.5(b)の接続では,各抵抗に加わる電圧が共通のEである.この接続を**並列**という.各抵抗に流れる電流は,$I_1 = E/R_1$,$I_2 = E/R_2$,$\cdots$,$I_n = E/R_n$ であるから,電源Eの端子から流れ出る電流Iは$I_1 + I_2 + \cdots + I_n$ である.したがって,合成抵抗Rは,その逆数が

$$\frac{1}{R} = \frac{I}{E} = \frac{1}{E}\left(\frac{1}{R_1} + \frac{1}{R_2} + \cdots + \frac{1}{R_n}\right)E$$

$$= \frac{1}{R_1} + \frac{1}{R_2} + \cdots + \frac{1}{R_n} \tag{1.9}$$

と求まる.

これから並列接続では $R < R_i$ $(i=1, 2, \cdots, n)$ となる.

(3) 直並列接続

この接続にはいろいろのものが考えられるが,要は適当に分解すると(i)と(ii)の接続の組み合わせで表わされる場合をいう.

その一例が図1.5(c)である.

これを図1.6のように分解すると,R_2とR_3の並列でr_1が求まり,r_1とR_1で全体のRが求まる.すなわち

$$\frac{1}{r_1} = \frac{1}{R_2} + \frac{1}{R_3} \text{ から}$$

$$r_1 = \frac{R_2 R_3}{R_2 + R_3}$$

したがって,

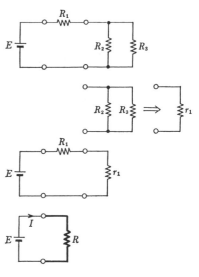

図1.6

$$R = R_1 + r_i = \frac{R_1R_2 + R_2R_3 + R_3R_1}{R_2 + R_3}$$

1.3 キルヒホッフの法則（1847年）

抵抗と電源の接続の仕方は，前に述べたような直列，並列，直並列だけに限らず，もっと複雑な場合ももちろん考えられる．電源もただ一つとは限っていない．たとえば図1.7のように．

図1.5の場合には，合成抵抗Rのみならず，各抵抗に流れる電流 I_i も，また各抵抗の両端の電圧 E_i も容易に求まる．

図1.7のような，またはより複雑な接続をされている回路の電流や電圧を知るためにキルヒホッフの法則がある．

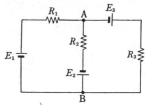

図 1.7

図1.7で電源と抵抗の接続具合だけを示すには図1.8で十分であろう．ここで細線 l_1, l_2, l_3 を枝とよび，枝の合流場所 A，B を節点，l_1 と l_2，l_2 と l_3，l_3 と l_1 で作られる閉じた路を閉路とよんでいる．

これらの言葉を用いて**キルヒホッフの法則**を述べると，次のようになる．

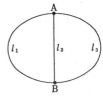

図 1.8

第1法則 一つの節点に流れ込む電流の代数和は零である．

第2法則 回路中の任意の閉路についての電源の起電力の和と抵抗による逆起電力の代数和は零である．

（この法則はいかなる時間関数の電圧，電流についても成り立つものである．）

ここで代数和とは，電流，電圧に正，負の方向を定義し，その下で電流，電圧を表わしそれらの和を作るということである．図1.9の一つの節点において，各枝電流の正方向を図の矢印で定義したとすると，節点に流入する電流は $I_1, -I_2, -I_3, I_4$ となるから

$$I_1+(-I_2)+(-I_3)+I_4=0 \tag{1.10}$$

ということを意味している．

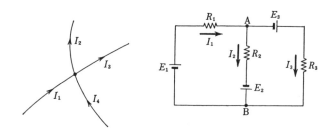

図 1.9

（i） これを用いて一つの例を解こう．図 1.7 で各枝の電流を図のように定め，節点 A について第 1 法則を用いると

$$I_1+(-I_2)+(-I_3)=0 \tag{1.11}$$

次に l_1 と l_2 の閉路から第 2 法則により

$$E_1+(-I_1R_1)+(-I_2R_2)+(E_2)=0 \tag{1.12}$$

l_2 と l_3 の閉路から

$$E_2+I_3R_3+(-E_3)+(-I_2R_2)=0 \tag{1.13}$$

未知数は三つであるから，独立な方程式は三つあればよい．

ここで l_1 と l_3 の閉路から

$$E_1+(-I_1R_1)+E_3+(-I_3R_3)=0 \tag{1.14}$$

を作ったとすると，これは式 (1.12) と式 (1.13) の差をとったものと同じになり，式 (1.12), (1.13), (1.14) はこの中の二つが独立であるにすぎない．以上の 3 式を書き改めると

$$\begin{cases} I_1=I_2+I_3 & (1.11') \\ I_1R_1+I_2R_2=E_1+E_2 & (1.12') \\ I_2R_2-I_3R_3=E_2-E_3 & (1.13') \end{cases}$$

となる．これから I_1, I_2, I_3 を求めると，

$$\varDelta=R_1R_2+R_2R_3+R_3R_1 \text{ として}$$

$$I_1 = \frac{1}{\Delta}\{(R_2+R_3)E_1 + R_3E_2 + R_2E_3\} \qquad (1.15)$$

$$I_2 = \frac{1}{\Delta}\{R_3E_1 + (R_1+R_3)E_2 - R_1E_3\} \qquad (1.16)$$

$$I_3 = \frac{1}{\Delta}\{R_2E_1 - R_1E_2 + (R_1+R_2)E_3\} \qquad (1.17)$$

のようになる．

このキルヒホッフの法則を用いると，いかなる複雑な回路の電流，電圧も求められる．この法則は，電磁気現象の最も基本的法則であるマックスウエルの基礎方程式から当然帰着されるものであるが，年代的にはキルヒホッフの法則が1847年で，マックスウエルの法則が1871年であるから，前者が先に見出されたのである．

1.4 重 ね の 理

線形電気回路全般を通して一番重要なものの一つに**重ねの理**がある．これは，考える系（システムといってもよい）が線形であるときに成立する適応範囲の広い定理である．

例を用いて，重ねの理を説明しよう．図1.9で電源 E_1, E_2, E_3 があることが原因で，その結果，式 (1.15)，(1.16)，(1.17) で示される大きさの電流 I_1, I_2, I_3 が流れるのである．

原因が三つ同時に存在していることを (E_1, E_2, E_3) と表わそう．$(E_1, 0, 0)$ は E_1 の電源だけがあることを示す．このときの回路は図1.10となる．図1.10において各抵抗に流れる電流 I_1', I_2', I_3' を解くと，キルヒホッフの法則を用いて

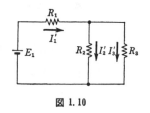

図 1.10

$$\begin{cases} I_1' = I_2' + I_3' \\ R_1I_1' + R_2I_2' = E_1 \\ R_2I_2' - R_3I_3' = 0 \end{cases} \qquad (1.18)$$

から

$$\begin{cases} I_1' = \frac{1}{\varDelta}(R_2+R_3)E_1 \\ I_2' = \frac{1}{\varDelta}R_3 E_1 \\ I_3' = \frac{1}{\varDelta}R_2 E_1 \end{cases}$$

となる.同様に $(0, E_2, 0)$, $(0, 0, E_3)$ の原因に対する回路は図1.11,図1.12となり,電流はそれぞれ

$$\begin{cases} I_1'' = \frac{1}{\varDelta}R_3 E_2 \\ I_2'' = \frac{1}{\varDelta}(R_1+R_3)E_2 \\ I_3'' = \frac{1}{\varDelta}(-R_1 E_2) \end{cases} \quad (1.20)$$

$$\begin{cases} I_1''' = \frac{1}{\varDelta}R_2 E_3 \\ I_2''' = \frac{1}{\varDelta}(-R_1 E_3) \\ I_3''' = \frac{1}{\varDelta}(R_1+R_2)E_3 \end{cases} \quad (1.21)$$

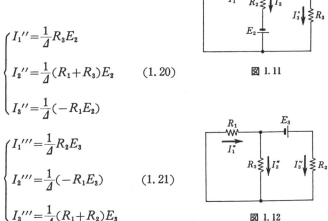

図 1.11

図 1.12

と求まる.

原因(電源)を分けて,それぞれの原因に対する結果(電流)がこれで求まった.

$$(E_1, E_2, E_3) \to (E_1, 0, 0) + (0, E_2, 0) + (0, 0, E_3)$$

さて,これらの結果の電流間にはどんな関係があるであろうか.

$(E_1, 0, 0)$, $(0, E_2, 0)$, $(0, 0, E_3)$ の原因に対する,各抵抗に流れる電流の和を考えると,式(1.19),(1.20),(1.21)から

$$I_1' + I_1'' + I_1''' = \frac{1}{\varDelta}\{(R_2+R_3)E_1 + R_3 E_2 + R_2 E_3\}$$

$$I_2'+I_2''+I_2'''=\frac{1}{\varDelta}\{R_3E_1+(R_1+R_3)E_2-R_1E_3\}$$

$$I_3'+I_3''+I_3'''=\frac{1}{\varDelta}\{R_2E_1-R_1E_2+(R_1+R_2)E_3\}$$

となり，これらの右辺は，式 (1.15)，(1.16)，(1.17) の原因が同時に3個存在した (E_1, E_2, E_3) ときの各抵抗に流れる電流 I_1, I_2, I_3 とそれぞれ等しいことがわかる．

このように**重ねの理**とは，原因 C_1 に対する結果を A_1，原因 C_2 に対する結果を A_2 とするとき，原因が C_1+C_2 のときの結果が A_1+A_2 となることをいう．

この重ねの理は，考える回路（システム）の問題が**線形の連立方程式**や，**線形の微分方程式（初期値は0）**で表わされるときに成り立つ．この重ねの理を用いることによって，線形回路の一般定理が見事に導きだされることを後にみるであろう．

1.5 直流電力，整合

実際の電源，すなわち内部抵抗 R_i，開放電圧 E_0 の電源に，抵抗 R を接続すると，これまで述べたように

$$I=\frac{E_0}{R_i+R}$$

の電流が流れ，

$$E_R=RI=\frac{E_0R}{R_i+R}$$

の電圧が抵抗 R の両端に生じる．

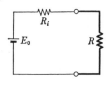

図 1.13

1クーロンの電荷が1ボルトの電位にあるときは，その電荷は1ジュールのエネルギーをもっている．Q クーロンの電荷が E_R ボルトにあり，それが $\varDelta t$ 秒間に抵抗 R を流れて0ボルトの電位のところにきたとすると，電荷がもっていた QE_R ジュールが $\varDelta t$ 秒間に抵抗 R にあたえられたことになる．したがって，1秒間に抵抗 R が消費するエネルギー（**電力**という）P は

1.5 直流電力,整合

$$P = \frac{Q}{\Delta t} E_R \tag{1.22}$$

である.電流の定義から $I = \frac{Q}{\Delta t}$ である.したがって,

$$P = IE_R = I^2 R = \frac{1}{R} E_R{}^2 = \frac{E_0{}^2 R}{(R_i + R)^2} \tag{1.23}$$

と表わされる.

この P が電源から抵抗 R に供給される電力である.

E_0 と R_i は一定とし,R の値を変えて P がどのようにかわるかを調べてみよう.P を変形すると

$$P = E_0{}^2 \frac{1}{\left(\sqrt{R} - \frac{R_i}{\sqrt{R}}\right)^2 + 4R_i}$$

となるから,

$$\sqrt{R} - \frac{R_i}{\sqrt{R}} = 0 \quad \text{すなわち} \quad R = R_i$$

のとき P は最大となる.これを $P_{\max}$ と書こう.

$$P_{\max} = \frac{E_0{}^2}{4R_i} \tag{1.25}$$

この $P_{\max}$ が内部抵抗 R_i,開放電圧 E_0 の電源から外部の抵抗に取りだせる最大の電力であり,電源の**固有電力**,**有能電力**とよんでいる.いくらがんばっても,固有電力以上は外部に取りだせないのである.

固有電力 $P_{\max}$ を外部に取りだせるのは,外部に接続する抵抗 R が,式 (1.24) からわかるように電源の内部抵抗 R_i に等しいときで,このような抵抗 R を**整合負荷**とよんでいる.

$R \neq R_i$ のときの P を $P_{\max}$ で規格化してみると

$$P/P_{\max} = \frac{4R_i R}{(R_i + R)^2} = \frac{4x}{(1+x)^2}$$
$$\tag{1.26}$$

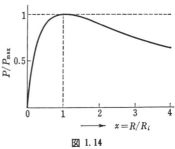

図 1.14

ただし $x=R/R_i$

で，これを図1.14に示しておく．

ここで電力については重ねの理が使えないことを示しておこう．

図1.15に示す回路において，電源を二つに分けてみる．

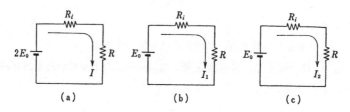

図 1.15

(b) と (c) とはこの場合同一である．

(a) の回路での電流 I と抵抗 R で消費される電力 P は，これまでのことから

$$I=\frac{2E_0}{R_i+R} \tag{1.27}$$

$$P=I^2R=\frac{4E_0{}^2R}{(R_i+R)^2} \tag{1.28}$$

(b)，(c) の回路で同一の量を $I_1, I_2(=I_1), P_1, P_2(=P_1)$ とすると

$$I_1=I_2=\frac{E_0}{R_i+R} \tag{1.29}$$

$$P_1=P_2=\frac{E_0{}^2R}{(R_i+R)^2} \tag{1.30}$$

式 (1.27) と (1.29) から，

$$I=I_1+I_2$$

で，電流については重ねの理は使えるが，

式 (1.28) と (1.30) から

$$P \neq P_1+P_2=\frac{2E_0{}^2R}{(R_i+R)^2} \tag{1.31}$$

となって，重ねの理は使えない．それは式 (1.23) にあるように

$$P=I^2R=\frac{1}{R}E_R{}^2$$

というように，P は電流 I や電圧 E_R の**2次式**で表わされているからである．**1次式**でないと重ねの理は使えないことに注意してほしい．

単位については何もふれなかったが，

電荷　〔C〕（クーロン）

電圧　〔V〕（ボルト）

電流　〔A〕=(C/s)（アンペア）

エネルギー　〔J〕（ジュール）

電力　〔W〕=(J/s)（ワット）

抵抗　〔Ω〕=(V/A)（オーム）

時間　〔s〕（秒，セコンド）

である．

問　題

(1) "同一特性の電池を n 個直列に接続して，ある電線に流れる電流 I_n を測定しても，I_n は n に対してあまり変化しない"ということがあり得るか．あるとするとどういう場合であるか考えよ．

(2) 熱電対を電源として用いて，はじめてオームの法則にたどりついたといわれているが，その理由を考えてみよ．

(3) 狭義の直流電源に対して，コンデンサ，インダクタはどういう働きをするであろうか．

(4) 重ねの理を用いて図1.16の R に流れる電流を求めよ．

(5) 図1.17に示す回路で R をいくらにしたら電源 $E=10\mathrm{V}$ から最大の電力が供給されるか．またそのときの値はいくらか．

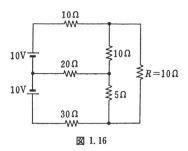

図 1.16

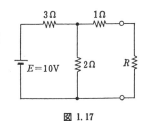

図 1.17

第2章

正弦波交流と回路素子

2.1 正弦波交流と複素表示

0章で述べておいたように,交流という言葉は広義の意味と狭義の意味に用いられているが,**正弦波交流**とは式 (0.2) で示されるような波形のことである.すなわち,

$$f(t) = A\sin(\omega t + \varphi) \tag{2.1}$$

または

$$f(t) = A\cos(\omega t + \varphi) \tag{2.2}$$

で表わされる波形をいう.式 (2.1) と式 (2.2) は t,すなわち時刻を決める原点をかえることで一致させることができる(式 (2.1) の t の代わりに $t+\dfrac{\pi}{2\omega}$ を代入すると,三角関数の公式 $\sin\left(\theta+\dfrac{\pi}{2}\right)=\cos\theta$ から式 (2.2) となる).

そこで,どちらを用いてもよいが,この本では式 (2.2) で表わすことにしよう.

A, ω, φ をそれぞれ**振幅**,**角周波数**,**初位相**,$\omega t+\varphi$ を**位相**とよぶ.

また $\omega=2\pi f$ の f を**周波数**,$T=1/f$ を**周期**とよんでいる.

通常 A, $f(\omega, T)$ は正にとる.φ は正,負の別に制限はない.以上のよび名の意味についてはここで述べるまでもないであろう.

実際の回路では式 (2.2) で表現される電圧や電流を使用しているのであるが,回路の特性を理論的に検討するときに,式 (2.2) を用いるかというと,必ずしもそうではなく(電気関係者は特に),もっと理論計算が容易にできる

2.1 正弦波交流と複素表示

表現を用いている．

それについて述べる前に交流の歴史を述べておこう．

歴史的には，直流電源的なものがさきに作り出された．直流電源的といったのは，いまの言葉でいうと，開放電圧 E_0 が時と共に変化したり，内部抵抗 R_i が大きく，電源として用いた場合に E_0 が時間的に変化して，0章で述べた数学的電源とはほど遠いものであったからである．

摩擦現象を用いたウィムズハースト起電機，ボルタの発明による電堆（1799年）等によって，まがりなりにも直流現象が調べられてきた．図2.1のようにスイッチをつけ，それの on-off によって，負荷抵抗 R に断続した電流を流すことにより，電信がはじまった（1837年）．またエジソンが，電流（このときは直流）を高抵抗の炭素フィラメントに流すと，そこが明るくなる事実を照明に利用することを考え出した（1882年）．

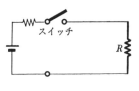

図2.1

そこで各家庭に，電流を配るという，現在の電力事業を思い立った．これを直流で行なおうというのがエジソンの考えであった．現在日本では周波数 50 Hz または 60 Hz の正弦波交流で各家庭に電気が送られてきているが，各家庭に交流の電気を配るという考えは，エジソンに対抗してアメリカのウェスティングハウスが提案したもので，この頃（研究段階からいうと 1868 年ぐらいから 1890 年頃）になってはじめて交流というものに目がくばられてきたのである．交流自身が作り得ることは 1831 年のファラデーの発見（電磁誘導）によりわかっていたことではあったが，強力な交流を作るための理論的，実験的研究がそれまでできなかったのである．

より周波数の高い交流はマックスウエルの理論（1871年），それにつづいてのヘルツの実験的検証（1888年）ではじめて，われわれの前に姿をはっきりと現わしたのである．

さて，このような時代背景のもとで，交流を発電所から各家庭に配るようにするためには，交流電圧や電流にどのような性質があり，またある装置はどの

ような特性を示すのか，また望ましい特性を示す電気回路はどのようにしたらつくれるのか等々の問題を解決する必要が生じ，それらをらくに計算するために考案されたものがこれから述べる正弦波交流の複素表現である．これは1890年代のことで，それからまだ1世紀とは過ぎていないのである．

この方法の先駆者はシュタインメッツといわれている．

具体的になぜ，複素数表示による正弦波交流表現が望ましいかについては，次の節で述べることにして，ここでは数学的事項のみについてふれておく．

実数，複素数については，知識があるものとする．また複素数を数として認めると，

$$x^n + a_{n-1}x^{n-1} + \cdots\cdots + a_1 x + a_0 = 0$$

の代数方程式の根は複素数の範ちゅうで存在する（ガウスによりはじめて証明された**代数学の基本定理**）が，実数だけに数をかぎると，そうではないこと（たとえば $x^2+1=0$ の根は実数ではない）を知っているであろう．複素数はこのように数学方面ですばらしいものであるにとどまらず，それを工学の計算に利用しても，利用価値の大きいものである．

いよいよ本論に入る．

$\cos\theta$ と $\sin\theta$ とは，$\cos^2\theta + \sin^2\theta = 1$, $\sin\left(\theta+\dfrac{\pi}{2}\right)=\cos\theta$ 等の関係があって，お互いに深い間柄の関数である．これをテーラー級数展開*してみよう．すると

$$\cos\theta = 1 - \frac{1}{2!}\theta^2 + \frac{1}{4!}\theta^4 - \frac{1}{6!}\theta^6 + \cdots\cdots \tag{2.3}$$

$$\sin\theta = \theta - \frac{1}{3!}\theta^3 + \frac{1}{5!}\theta^5 - \frac{1}{7!}\theta^7 + \cdots\cdots \tag{2.4}$$

となる．次に形式的に $f(\theta)=e^{j\theta}$（$j^2=-1$ で j は虚数単位である）として，

---

*テーラー級数展開とは，関数 $f(x)$ を x についてのべき級数で表わすもので，各べきの係数が $f(x)$ の $x=0$ での微分係数によって決まってくる．

$$f(x) = f(0) + \frac{1}{1!}f'(0)x + \frac{1}{2!}f''(0)x^2 + \cdots\cdots + \frac{1}{n!}f^{(n)}(0)x^n + \cdots\cdots$$

ただし $f(x)$ は何回でも微分可能とする．

この $f(\theta)$ を同じくテーラー級数展開してみる。

$$f(\theta) = e^{j\theta} = 1 + j\theta + \frac{1}{2!}(j\theta)^2 + \frac{1}{3!}(j\theta)^3 + \frac{1}{4!}(j\theta)^4$$
$$+ \frac{1}{5!}(j\theta)^5 + \frac{1}{6!}(j\theta)^6 + \frac{1}{7!}(j\theta)^7 + \cdots \cdots \quad (2.5)$$

ここで $j^2 = -1$, $j^3 = -j$, $j^4 = 1$, ……を用いると

$$e^{j\theta} = \left\{ 1 - \frac{1}{2!}\theta^2 + \frac{1}{4!}\theta^4 - \frac{1}{6!}\theta^6 + \cdots \cdots \right\}$$
$$+ j\left\{ \theta - \frac{1}{3!}\theta^3 + \frac{1}{5!}\theta^5 - \frac{1}{7!}\theta^7 + \cdots \cdots \right\} \quad (2.6)$$

となる。ここで式 (2.3), (2.4) と (2.6) とをくらべてみると

$$e^{j\theta} = \cos\theta + j\sin\theta \quad (2.7)$$

の関係があることがわかる。指数関数 e^x の肩の x が実数のときは，その意味をよく知っていると思うが，この x を $x = j\theta$ とおき（θ は実数），x を純虚数としたときの $e^x = e^{j\theta}$ は習っていないかもしれない。式 (2.7) は逆に $e^{j\theta}$ を右辺の複素数で定義すると考えればよい。

式 (2.7) は**オイラーの公式**とよばれ，広く用いられている。

式 (2.7) で θ の代わりに $-\theta$ とおくと

$$e^{-j\theta} = \cos(-\theta) + j\sin(-\theta) = \cos\theta - j\sin\theta \quad (2.8)$$

となる。これから $e^{j\theta}$ と $e^{-j\theta}$ を用いて

$$\cos\theta = \frac{1}{2}(e^{j\theta} + e^{-j\theta}) \quad (2.9)$$

または式 (2.7) から直接

$$\cos\theta = \mathcal{R}(e^{j\theta}) \quad (2.10)^*$$

とも表わされることがわかる。

またこのオイラーの公式を用いると，図 2.2 に示

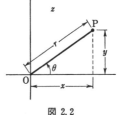

図 2.2

---

* 複素数 $z = x + jy$ (x, y は実数) の x を z の実数部，y を z の虚数部といい，それぞれを $x = \mathcal{R}(z)$, $y = \mathcal{I}(z)$ と表わす。

z の共役複素数 $\bar{z}$ とは $\bar{z} = x - jy$ のことである。これから $x = \mathcal{R}(z) = \frac{1}{2}(z + \bar{z})$, $y = \mathcal{I}(z) = \frac{1}{j2}(z - \bar{z})$ となることがわかる。

す $z=x+jy$ が，$x=r\cos\theta$, $y=r\sin\theta$ から

$$\begin{aligned}z=x+jy&=r\cos\theta+jr\sin\theta\\&=r(\cos\theta+j\sin\theta)\\&=re^{j\theta}\end{aligned} \qquad (2.11)$$

と極座標 (r,θ) で表現されることになる．これも便利な複素数 z の表現である．

式 (2.10) を用いると式 (2.2) の $f(t)$ は

$$\begin{aligned}f(t)&=\mathcal{R}\{A\cos(\omega t+\varphi)+jA\sin(\omega t+\varphi)\}\\&=\mathcal{R}[A\{\cos(\omega t+\varphi)+j\sin(\omega t+\varphi)\}]\\&=\mathcal{R}\{Ae^{j(\omega t+\varphi)}\}\end{aligned} \qquad (2.12)$$

また $Ae^{j\varphi}=\dot{A}$ とすると

$$\begin{aligned}f(t)&=\mathcal{R}(Ae^{j\varphi}e^{j\omega t})\\&=\mathcal{R}(\dot{A}e^{j\omega t})\end{aligned} \qquad (2.13)$$

とも表現される．この A は実数であるが，$\dot{A}$ は一般には複素数となる．

ここで式 (2.12)，式 (2.13) の $Ae^{j(\omega t+\varphi)}$ や $\dot{A}e^{j\omega t}$ の実数部をとれば，$f(t)=A\cos(\omega t+\varphi)$ となるから，要は $\dot{A}e^{j\omega t}$ がわかれば $f(t)$ もわかることになる．

$\dot{A}e^{j\omega t}$ や $Ae^{j(\omega t+\varphi)}$ を $f(t)$ の複素表現とよぶ．複素表現の実数部をとると，実数表現の，すなわち現実の波形が得られるのである．

$f(t)=A\cos(\omega t+\varphi)$ から $\dot{A}e^{j\omega t}$ が決定できるし，$\dot{A}e^{j\omega t}$ から $f(t)=A\cos(\omega t+\varphi)$ も決定できるので，**1対1対応**があることになる．1対1対応があるもの同士は，同じものではないが，**ある意味では両者は等価**である．このことから，便利な方を臨機応変に用いればよいという発想が生まれてくる．

$\dot{A}e^{j\omega t}$ のことを**複素正弦波交流**という．

2.2　回路素子の性質

電気現象をエネルギーの観点からながめると，エネルギーを蓄える現象と，エネルギーを消費する現象とにわかれる．エネルギーを消費する現象は，電気

エネルギーが抵抗によって消費される（熱エネルギーの形態となる）場合などで，この現象を示す物体は電気的には**抵抗**で表わされる．われわれはこの抵抗を理想化し，数学的抵抗として，式 (1.7) で把握したのである．電気エネルギーを蓄える現象を示す物体としては，図 2.3 のような2枚の平板導体を対向させたようなものがあり，この両端に直流電圧 E_0 を加えると，電気的エネルギーが蓄えられる．この種の物体を**コンデンサ**，**キャパシタ**とよび，その電気的性質を**キャパシタンス**とよぶ．

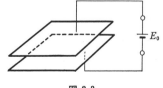

図 2.3

また，図 2.4 のようなコイル状の導体線に直流電流 I_0 を流すと，磁気的エネルギーが蓄えられる．この種の物体を**コイル**，**インダクタ**とよび，その電気的性質を**インダクタンス**とよぶ．

図 2.4

これらの働きを電磁気学的に調べて，それを理想化し，数学的キャパシタンス C と数学的インダクタンス L を定義する．

それらの定義は，時間的には任意に変化する電流 $i(t)$，電圧 $v(t)$ を用いて，次のようになされている．

（1） キャパシタンス C

それに流れる電流 $i(t)$ と，両端の電圧降下 $v(t)$ が

$$i(t) = C\frac{dv(t)}{dt} \tag{2.14}$$

または

$$v(t) = \frac{1}{C}\int i(t)\,dt \tag{2.15}$$

で表わされる場合にキャパシタンス C の素子という．

（2） インダクタンス L

それに流れる $i(t)$ と，両端の電圧降下 $v(t)$ が

$$v(t) = L\frac{di(t)}{dt} \quad (2.16)$$

で表わされる場合にインダクタンス L の素子という．

C, L を記号では図2.5のように表わす．

現実の物体は大きさがあるので，純粋に L または C で表わされるものは存在しないが，それを理想化し，大きさがなくて C や L の電気的性質をもつものを数学的に定義するのである．電圧 $v(t)$, 電流 $i(t)$ からでなく，エネルギーからみると，この C が電気エネルギーを，L が磁気エネルギーを蓄える作用をもっていることになっている．

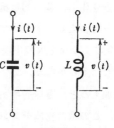

図 2.5

C の単位は〔F〕＝〔Q/V〕（ファラッド）で，L の単位は〔H〕＝〔Wb/A〕（ヘンリー）である．

(3) キャパシタの電気特性

キャパシタンス C のキャパシタに，図2.6に示すように

$$e(t) = E_m \cos(\omega t) \quad (2.17)$$

の電圧源を接続してみよう．交流電源の記号は図2.6中に記したものである．

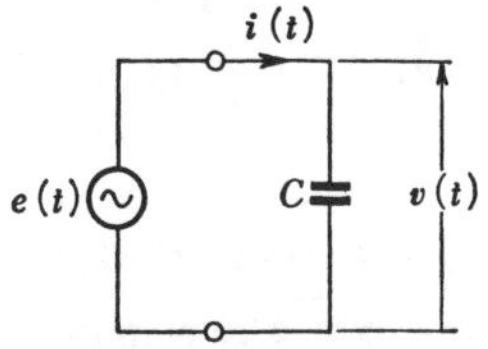

キルヒホッフの法則から

$$e(t) = v(t)$$

図 2.6

したがって

$$i(t) = C\frac{dv(t)}{dt} = C\frac{de(t)}{dt}$$

$$= -CE_m \omega \sin \omega t \quad (2.18)$$

$$= CE_m \omega \cos\left(\omega t + \frac{\pi}{2}\right) \quad (2.19)$$

この式 (2.17), (2.18) をみると，一方が $\cos \omega t$ のとき他方は $\sin \omega t$ と関数

がかわっている.

式 (2.17), (2.19) では一方が $\cos \omega t$, 他方は $\cos\left(\omega t + \frac{\pi}{2}\right)$ で, $i(t)$ の方が $e(t)$ より位相が $\pi/2$ 進んでいることになる.

電圧の振幅 E_m に対して, 電流の振幅 I_m は $CE_m\omega$ である.

(4) インダクタの電気特性

図 2.7 に示すように, $e(t)$ を加えて
$$i(t) = I_m \cos(\omega t) \qquad (2.20)$$
を流すとしよう. 逆に式 (2.20) の $i(t)$ を流すに必要な $e(t)$ を求めよう.

キルヒホッフの法則から
$$e(t) = v(t)$$
また, 式 (2.16) から
$$v(t) = L\frac{di(t)}{dt} = -LI_m\omega \sin(\omega t)$$

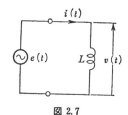

図 2.7

すなわち,
$$e(t) = -LI_m\omega \sin(\omega t) = +LI_m\omega \cos\left(\omega t + \frac{\pi}{2}\right)$$
$$= E_m \cos\left(\omega t + \frac{\pi}{2}\right) \qquad (2.21)$$

式 (2.20) と式 (2.21) から, $e(t)$ の方が $i(t)$ より位相が $\pi/2$ 進んでいる. また振幅関係では, 電流の方が I_m で, 電圧は $LI_m\omega$ である.

(5) 複素表示の電圧, 電流の関係

以上の式 (2.17), (2.20) は実数の電圧, 電流であったが, それらを複素表示し, 複素電圧, 電流の間の関係を求めてみよう.

(5-1) キャパシタの場合

式 (2.17) の $e(t)$ の複素表示は, それを $E(t)$ と書くと

$$E(t) = E_m e^{j\omega t} \tag{2.22}$$

である．したがって，それに対する複素電流 $I(t)$ は，式 (2.14) から

$$I(t) = j\omega C E_m e^{j\omega t}$$
$$= \dot{I}_m e^{j\omega t} \tag{2.23}$$

となる．この二つの式を比較すると $E(t)$ と $I(t)$ の時間依存性は同一の $e^{j\omega t}$ である．

それを考えると

$$I(t) = j\omega C E_m e^{j\omega t}$$
$$= j\omega C E(t) \tag{2.24}$$

すなわち，$E(t)$ と $I(t)$ とは比例していることになる．しかるに式 (2.17) と式 (2.18)，または式 (2.19) の，実数電圧 $e(t)$ と実数電流 $i(t)$ とには比例関係はない．

この点からも複素表現 $e^{j\omega t}$ を用いることの便利さがうかがえる．

ここで $E(t)$ と $I(t)$ とは比例関係にあるので $E(t)/I(t)$ は定数となる．

$$\frac{E(t)}{I(t)} = \frac{E_m}{\dot{I}_m} = \frac{1}{j\omega C} \tag{2.25}$$

この左辺は単位としては〔V/A〕になるからΩである．この量をキャパシタンス C が角周波数 ω の電源に呈する**インピーダンス Z〔Ω〕**という．すなわち

$$Z = \frac{1}{j\omega C} \tag{2.26}$$

この $\dot{Z}$ の逆数 $\dot{Y}$ を**アドミタンス**という．

$$Y = \frac{1}{Z} = \frac{I(t)}{E(t)} = \frac{\dot{I}_m}{E_m} = j\omega C \tag{2.27}$$

しかるに式 (2.17) と (2.18) の $e(t)$ と $i(t)$ との比を作っても，定数にはならない．

すなわち，時間的に $e^{j\omega t}$ の形式で変化する電圧 $E(t)$ と電流 $I(t)$ は，それら自身は時間で変わるが，その比は一定となるのである．

(5-2) インダクタの場合

式 (2.20) の $i(t)$ の複素表現 $I(t)$ は

$$I(t) = I_m e^{j\omega t} \tag{2.28}$$

である．この電流 $I(t)$ を流すに必要な複素電源 $E(t)$ は，式 (2.16) から

$$E(t) = j\omega L I_m e^{j\omega t}$$
$$= \dot{E}_m e^{j\omega t} \tag{2.29}$$

この場合も $E(t)$ と $I(t)$ の時間依存は $e^{j\omega t}$ であって，

$$E(t) = j\omega L I(t) \tag{2.30}$$

の関係になっている．したがって，この場合のインピーダンス Z，アドミタンス Y は

$$Z = \frac{E(t)}{I(t)} = \frac{\dot{E}_m}{I_m} = j\omega L \tag{2.31}$$

$$Y = \frac{I(t)}{E(t)} = \frac{I_m}{\dot{E}_m} = \frac{1}{j\omega L} \tag{2.32}$$

となる．

これら Z，Y が，それぞれインダクタンス L が角周波数 ω の電源に対して呈するインピーダンス，アドミタンスとなる．

(5-3) 抵抗の場合

抵抗の場合に $e(t) = E_m \cos \omega t$ とすると，式 (1.7) から

$$i(t) = \frac{1}{R} E_m \cos \omega t$$
$$= \frac{1}{R} e(t) \tag{2.33}$$

で，このときは実数電圧 $e(t)$，電流 $i(t)$ とが比例している．

複素電圧 $E(t) = E_m e^{j\omega t}$ に対しての，複素電流 $I(t)$ は，式 (1.7) から

$$I(t) = \frac{1}{R} E_m e^{j\omega t} = \frac{1}{R} E(t) \tag{2.34}$$

となる．インピーダンス Z，アドミタンス Y は

$$Z = R \tag{2.35}$$

$$Y = \frac{1}{R} \tag{2.36}$$

である.

　以上をまとめると,次のことがいえる.抵抗,キャパシタンス,インダクタンスの素子について実数電圧 $e(t)$ と電流 $i(t)$ を考えると,その比は時間関数となり,抵抗をのぞいて定数とはならない.

　しかるに,複素電圧 $E(t)$ と電流 $I(t)$ の場合には,三つの素子について,$E(t)$, $I(t)$ 自身は時間変化するが,その比は時間に無関係に一定である.そこでインピーダンス Z とアドミタンス Y が定数として定義できることになる.

　これらをまとめると表2.1になる.

表 2.1

回路素子	電気的働き	実電圧 $e(t)$, 実電流 $i(t)$	複素電圧 $E(t)$, 複素電流 $I(t)$
抵抗器	抵抗 R	$\begin{cases} e(t) = E_m \cos\omega t \\ i(t) = \dfrac{1}{R} E_m \cos\omega t \end{cases}$	$\begin{cases} E(t) = E_m e^{j\omega t} \\ I(t) = \dfrac{1}{R} E_m e^{j\omega t} \end{cases}$ $Z = R$
キャパシタ	キャパシタンス C	$\begin{cases} e(t) = E_m \cos\omega t \\ i(t) = \omega C E_m \cos\left(\omega t + \dfrac{\pi}{2}\right) \end{cases}$	$\begin{cases} E(t) = E_m e^{j\omega t} \\ I(t) = \omega C E_m e^{j\left(\omega t + \frac{\pi}{2}\right)} \end{cases}$ $Z = \dfrac{1}{j\omega C}$
インダクタ	インダクタンス L	$\begin{cases} e(t) = \omega L I_m \cos\left(\omega t + \dfrac{\pi}{2}\right) \\ i(t) = I_m \cos\omega t \end{cases}$ または $\begin{cases} e(t) = E_m \cos\omega t \\ i(t) = \dfrac{E_m}{\omega L} \cos\left(\omega t - \dfrac{\pi}{2}\right) \end{cases}$	$\begin{cases} E(t) = \omega L I_m e^{j\left(\omega t + \frac{\pi}{2}\right)} \\ I(t) = I_m e^{j\omega t} \end{cases}$ または $\begin{cases} E(t) = E_m e^{j\omega t} \\ I(t) = \dfrac{1}{\omega L} e^{j\left(\omega t - \frac{\pi}{2}\right)} \end{cases}$ $Z = j\omega L$

　このように交流波形に対する問題を,複素交流 ($e^{j\omega t}$) 波形に直すと,問題を直流化できることになるのである.その関係を図2.8に示しておく.あたかも直流回路において $E \to E(t)$ (E_m), $I \to I(t)$ (I_m), $R \to Z$ とおいたようになっている.

　このように Z を用いて交流回路を整理したのは,直流のときのオームの法則

のように，時間変化のある正弦波交流のときも簡単に取り扱いたいという意かからである。

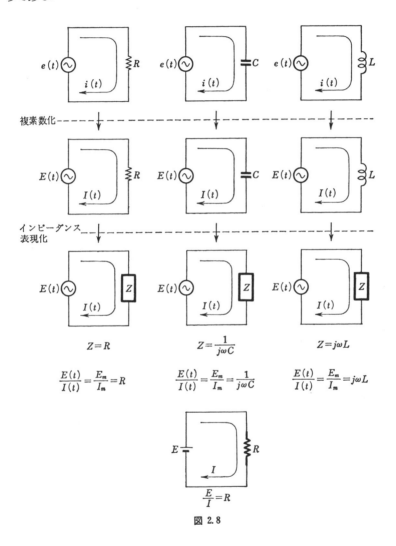

図 2.8

（6） 前に述べたように実数表現 $e(t)$ $(i(t))$ と複素表現 $E(t)$ $(I(t))$ に

は1対1の対応があるから $E(t)$ $(I(t))$ から $e(t)$ $(i(t))$ をすぐに出せる。したがって，$E(t)$ $(I(t))$ を求めるのがらくであるから，まず $E(t)$ $(I(t))$ を求めて，そのあとに実際の $e(t)$ $(i(t))$ を出そうということになるのである。それには式 (2.13) に述べていることから

$$e(t) = \mathcal{R}(E(t)) \tag{2.37}$$
$$i(t) = \mathcal{R}(I(t)) \tag{2.38}$$

とすればよいのである。

(6-1) たとえば，キャパシタンスの場合，式 (2.22) の $E(t)$ と式 (2.23) の $I(t)$ の実数部を求めると

$$\mathcal{R}(E(t)) = E_m \cos\omega t$$
$$\mathcal{R}(I(t)) = \mathcal{R}(\dot{I}_m e^{j\omega t}) = \mathcal{R}(j\omega C E_m e^{j\omega t})$$
$$= -\omega C E_m \sin\omega t$$

で，これらは，それぞれ式 (2.17), (2.18) の $e(t)$, $i(t)$ とに一致している。

(6-2) また，インダクタンスの場合にも
式 (2.28) の $I(t)$ と式 (2.29) の $E(t)$ の実数部を求めると，

$$\mathcal{R}(I(t)) = I_m \cos\omega t$$
$$\mathcal{R}(E(t)) = \mathcal{R}(\dot{E}_m e^{j\omega t}) = \mathcal{R}(j\omega L I_m e^{j\omega t})$$
$$= -\omega L I_m \sin\omega t$$

で，それぞれ式 (2.20)，式 (2.21) の $i(t)$, $e(t)$ とに一致していることが確かめられる。

2.3 簡単な交流回路の複素数による計算

前節では，交流回路構成の基本素子についての複素数を用いた計算法を述べて，それが便利であることをみた。ここでは，基本素子を組み合わせた簡単な回路についても，やはり複素表現の電圧，電流で計算した方がらくであること

を示すことにする.

(1) まず図2.9に示す回路の実数電圧 $e(t)$ と電流 $i(t)$ との関係を求めると次のようになる.

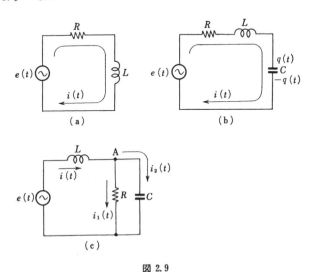

図 2.9

(1-1) 図2.9(a) から, R と L による電圧降下 v_R, v_L はそれぞれ $v_R = Ri(t)$, $v_L = L\dfrac{di(t)}{dt}$ で, この両者の和が $e(t)$ に等しいことから

$$Ri(t) + L\frac{di(t)}{dt} = e(t) \tag{2.39}$$

(1-2) 図2.9(b) から, C の極板の電荷を $q(t)$ とすると $i(t) = \dfrac{dq(t)}{dt}$ であることから

$$\frac{1}{C}q(t) + R\frac{dq(t)}{dt} + L\frac{d^2q(t)}{dt^2} = e(t) \tag{2.40}$$

(1-3) 図2.9(c) において

R と C による電圧降下 v_R, v_C は等しく,

$$v_R = Ri_1(t), \quad v_C = \frac{1}{C}\int i_2(t)\,dt, \quad v_R = v_C$$

また節点 A においてのキルヒホッフの法則から $i(t)=i_1(t)+i_2(t)$.

したがって

$$L\frac{di(t)}{dt} + Ri_1(t) = e(t) \tag{2.41}$$

ここで, $v_R = v_C$ すなわち $Ri_1 = \frac{1}{C}\int i_2 dt$ を両辺 t で微分すると

$$R\frac{di_1}{dt} = \frac{1}{C}i_2$$

となり, $i = i_1 + i_2$ から

$$i = i_1 + CR\frac{di_1}{dt} \tag{2.42}$$

次に式 (2.41) を両辺 t で微分すると

$$L\frac{d^2i(t)}{dt^2} + R\frac{di_1}{dt} = \frac{de}{dt} \tag{2.43}$$

である. 式 (2.41), (2.42), (2.43) から i_1 を消去するために式 (2.43) の両辺に CR をかけ, それに式 (2.41) を辺々加えると, まず,

$$LCR\frac{d^2i(t)}{dt^2} + CR^2\frac{di_1}{dt} = CR\frac{de}{dt}$$

$$LCR\frac{d^2i}{dt^2} + L\frac{di}{dt} + R\left(i_1 + CR\frac{di_1}{dt}\right) = CR\frac{de}{dt} + e$$

となり, 式 (2.42) を用いると

$$LCR\frac{d^2i}{dt^2} + L\frac{di}{dt} + Ri = CR\frac{de}{dt} + e \tag{2.44}$$

となる.

以上の式 (2.44), 式 (2.40), 式 (2.39) において, $e(t)$ は与えられた電源電圧とすると, 右辺は既知の関数となるから, いずれも未知関数 $i(t)$ についての**実数係数線形微分方程式**が得られたことになる.

2.3 簡単な交流回路の複素数による計算

（2） $R, L, (M^*), C$ から構成される回路（網）においては，一般に，各部における電圧，電流についての方程式はこのように実数係数線形微分方程式

$$\frac{d^n y}{dt^n} + a_{n-1}\frac{d^{n-1}y}{dt^{n-1}} + \cdots\cdots + a_2\frac{d^2y}{dt^2} + a_1\frac{dy}{dt} + a_0 y = f(t) \tag{2.45}$$

（ここに $f(t)$ は既知関数）となることが知られている．ここで $e(t)=E_m\cos\omega t$ とすると，式 (2.39)，式 (2.40) は一般式 (2.45) で $f(t)=E_m\cos\omega t$ とおけば同一のものにし得る．式 (2.44) では右辺が

$$RC\frac{de}{dt}+e = -RCE_m\omega\sin\omega t + E_m\cos\omega t$$

となるが，三角関数の公式の

$$a\sin\omega t + b\cos\omega t = \sqrt{a^2+b^2}\cos(\omega t - \theta) \tag{2.46}$$

ただし $\tan\theta = b/a$

を用いると，式 (2.46) の形式に書き換えられ，そこで t の代わりに $t+\dfrac{\theta}{\omega}$ とおくと，右辺はやはり $f(t)=A\cos\omega t$ の関数形にできる．このように一般の場合の $f(t)$ は $A\cos\omega t$（A：実数）と与えられたとしてもよいのである．

そこで，式 (2.45) で $f(t)=A\cos\omega t$（A：実数）とした場合の解 $y(t)$ を複素表現によって解いてみよう．

$$y^{(n)} + a_{n-1}y^{(n-1)} + \cdots\cdots + a_1 y' + a_0 y = f(t) = A\cos\omega t \tag{2.47}$$

式 (2.9) により $\cos\omega t$ を変形すると

$$y^{(n)} + a_{n-1}y^{(n-1)} + \cdots\cdots + a_1 y' + a_0 y = \frac{A}{2}e^{j\omega t} + \frac{A}{2}e^{-j\omega t}$$

前に述べた重ねの理から右辺を原因と考えて，それを $(A/2)e^{j\omega t}$ と $(A/2)e^{-j\omega t}$ とに分けて考えてもよい．そこで

$$y^{(n)} + a_{n-1}y^{(n-1)} + \cdots\cdots + a_1 y' + a_0 y = Ae^{j\omega t} \tag{2.48}$$

$$y^{(n)} + a_{n-1}y^{(n-1)} + \cdots\cdots + a_1 y' + a_0 y = Ae^{-j\omega t} \tag{2.49}$$

を満足する Y_1 と Y_2 とを求めて $y=\dfrac{1}{2}(Y_1+Y_2)$ とすれば式 (2.47) の解と

---

* 相互誘導インダクタンスである．後に説明がある．

なる．式 (2.48) の解が Y_1 と求まっているとする．そこで式 (2.48) の両辺の複素共役をとる．そのとき a_{n-1}, ……, a_1, a_0, A が実数であることに注意すると

$$\overline{Y_1^{(n)} + a_{n-1} Y_1^{(n-1)} + \cdots + a_1 Y_1' + a_0 Y_1} = \overline{A e^{j\omega t}}$$
$$(\overline{Y_1})^{(n)} + a_{n-1} (\overline{Y_1})^{(n-1)} + \cdots + a_1 (\overline{Y_1}') + a_0 (\overline{Y_1}) = A e^{-j\omega t}$$
(2.50)

式 (2.50) を式 (2.49) と比較すると，実は式 (2.49) の解 Y_2 は

$$Y_2 = \overline{Y_1} \tag{2.51}$$

であることがわかる．したがって，式 (2.47) の解 y は

$$y = \frac{1}{2}(Y_1 + Y_2) = \frac{1}{2}(Y_1 + \overline{Y_1})$$

一方，複素数の性質から，この右辺は $\mathcal{R}(Y_1)$ である．そこで

$$y(t) = \mathcal{R}(Y_1(t)) \tag{2.52}$$

となる．

以上をまとめると，式 (2.47) の $f(t) = A\cos\omega t$ に対する実数解 $y(t)$ を求めるのは，式 (2.48) のように複素電源 $A e^{j\omega t}$ に対する複素解 $Y_1(t)$ がわかれば，その実数部 $\mathcal{R}(Y_1(t))$ として求まることになる．このようにできるのは，式 (2.47) の**微分方程式**が**実数係数** (a_{n-1}, ……a_1, a_0, A が実数) の**線形微分方程式**であるからである．

（3） さて，次に残っている問題は式 (2.48) の解 $Y_1(t)$ をいかにして求めるかということである．

$$Y_1(t) = B e^{j\omega t} \tag{2.53}$$

とおいてみよう．

すると，

$$\frac{dY_1}{dt} = j\omega B e^{j\omega t} = j\omega Y_1(t)$$

$$\frac{d^2 Y_1}{dt^2} = (j\omega)^2 B e^{j\omega t} = (j\omega)^2 Y_1(t)$$

同様にすると n 階 t で微分することは $(j\omega)^n$ をかけることと同一であることがわかる．

そこで，式 (2.48) は

$$\{(j\omega)^n + a_{n-1}(j\omega)^{n-1} + \cdots\cdots + a_1(j\omega) + a_0\} Y_1(t) = Ae^{j\omega t} \tag{2.54}$$

となってしまい，$Y_1(t)$ は

$$Y_1(t) = \frac{A}{(j\omega)^n + a_{n-1}(j\omega)^{n-1} + \cdots\cdots + a_1(j\omega) + a_0} e^{j\omega t} \tag{2.55}$$

すなわち

$$B = \frac{A}{(j\omega)^n + a_{n-1}(j\omega)^{n-1} + \cdots\cdots + a_1(j\omega) + a_0} \tag{2.56}$$

の B を用いて

$$Y_1(t) = Be^{j\omega t}$$

と求まる．このように**微分方程式** (2.48) を (2.54) の $Y_1(t)$ を求めるという**代数方程式**におきかえることになるのである．これは $e^{j\omega t}$ という時間関数の**微分** $\dfrac{d}{dt}$ が，**$j\omega$ をかけるというかけ算におきかわる**ことによっている．ここが複素交流表現を用いることによって生じる最大のメリットである．

交流回路の計算の指導原理はこれだけである．あとはこの方法を用いて種々の回路の特性を調べ，工学への応用の道をさぐることが重要問題である．

（4） 一つ簡単な回路について例をあげよう．図 2.10 の回路に流れる電流 $i(t)$ を求める．

回路の微分方程式は，式 (2.39) から

$$L\frac{di}{dt} + Ri = e = E_m \cos\omega t \quad (E_m：実数)$$

$e(t)$ の複素表現 $E(t) = E_m e^{j\omega t}$ に対して，電流 $i(t)$ の複素表現 $I(t)$ は，式 (2.48) で

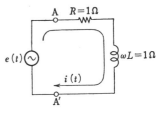

$e(t) = 100\sqrt{2} \cos\omega t$ 〔V〕
図 2.10

$n=1$, $a_1=L$, $a_0=R$ とおき，次に式 (2.56) から

$$I_m = \frac{E_m}{R+j\omega L} \tag{2.57}$$

と求めると

$$I(t) = I_m e^{j\omega t} = \frac{E_m}{R+j\omega L} e^{j\omega t} \tag{2.58}$$

となる．ここで $E(t)/I(t)$ を図 2.10 で AA′ から右側を見こむインピーダンス Z と定義する．

$$Z = \frac{E(t)}{I(t)} = \frac{E_m}{I_m} = R + j\omega L = \sqrt{R^2 + (\omega L)^2}\, e^{j\theta} \tag{2.59}$$

ただし $\tan\theta = \dfrac{\omega L}{R}$

とすると，

$$I(t) = \frac{E_m}{Z} e^{j\omega t} = \frac{E_m}{\sqrt{R^2+(\omega L)^2}} e^{j(\omega t - \theta)} \tag{2.60}$$

よって $i(t)$ は

$$i(t) = \mathcal{R}(I(t)) = \frac{E_m}{\sqrt{R^2+(\omega L)^2}} \cos(\omega t - \theta) \tag{2.61}$$

となる．ここに与えられた数値を代入すると $\sqrt{R^2+(\omega L)^2} = \sqrt{2}\ \Omega$, $\theta = \pi/4$, $E_m = 100\sqrt{2}$ V であるから，

$$i(t) = 100\cos\left(\omega t - \frac{\pi}{4}\right) \tag{2.62}$$

となる．

次のような誤りをする人が多い．

$$\underline{i(t)} \overset{①}{=} \frac{e(t)}{Z} = \frac{100\sqrt{2}\cos\omega t}{1+j1}$$

$$= \frac{100\sqrt{2}\cos\omega t}{\sqrt{2}\, e^{j\frac{\pi}{4}}} \overset{②}{=} \underline{100\cos\left(\omega t - \frac{\pi}{4}\right)} \tag{2.63}$$

このように解く人は，まずインピーダンス Z の定義を知らない人である．前にもふれておいたが，実数電圧 $e(t)$ と実数電流 $i(t)$ の比でインピーダンス Z

は定義できない．**複素電圧 $E(t)$ と複素電流 $I(t)$ の比が Z である．**まず，①が誤りである．その後 $i(t)$ は実数であるべきことに気がつき②を使う人がいる．②も等号は成り立たない．すなわち，②の左は複素数であるにもかかわらず，右は実数である．式 (2.63) の下線部分だけをみると正しいがその途中の内容は全くでたらめである．このような誤りをおかさないようにしてほしい．

(5) 図 2.11 の回路では
$E(t)=E_m e^{j\omega t}$ とすると，C の極板の電荷 $q(t)$ の複素表現 $Q(t)$ が

$$\frac{1}{C}Q(t)+R\frac{dQ}{dt}=E(t) \quad (2.64)$$

となることから

$$Q(t)=\frac{E_m e^{j\omega t}}{j\omega R+\frac{1}{C}}=\frac{CE(t)}{1+j\omega CR} \quad (2.65)$$

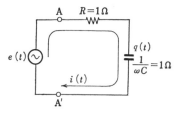

$e(t)=100\sqrt{2}\cos\omega t$ 〔V〕

図 2.11

となる．複素電流 $I(t)$ は

$$I(t)=\frac{dQ}{dt}=\frac{j\omega C}{1+j\omega CR}E(t) \quad (2.66)$$

AA′ で右を見るインピーダンス Z は

$$Z=\frac{E(t)}{I(t)}=\frac{1+j\omega CR}{j\omega C}=R+\frac{1}{j\omega C}$$
$$=R-j\frac{1}{\omega C} \quad (2.67)$$
$$=|Z|e^{-j\theta}$$

$$|Z|=\sqrt{R^2+\frac{1}{(\omega C)^2}} \qquad \tan\theta=\frac{1}{\omega CR}$$

である．
したがって $i(t)$ は

$$i(t)=\mathcal{R}(I(t))=\mathcal{R}\left\{\frac{E(t)}{Z}\right\}$$

$$= \mathcal{R}\left\{\frac{E_m}{|Z|}e^{j(\omega t+\theta)}\right\}$$

$$= \frac{E_m}{|Z|}\cos(\omega t+\theta) \tag{2.68}$$

ここで数値を代入すると $E_m=100\sqrt{2}$, $|Z|=\sqrt{2}$, $\theta=\frac{\pi}{4}$ であるから

$$i(t)=100\cos\left(\omega t+\frac{\pi}{4}\right) \tag{2.69}$$

となる．

図2.8に関連して述べたことを用いると，図2.10，図2.11は図2.12のように表わせて，AA′から見こむインピーダンスZは，直列回路であるから，$Z=Z_1+Z_2$ となり，上で計算により求めたものと一致していることがわかる．

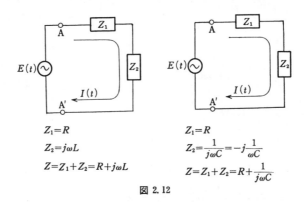

$Z_1=R$
$Z_2=j\omega L$
$Z=Z_1+Z_2=R+j\omega L$

$Z_1=R$
$Z_2=\dfrac{1}{j\omega C}=-j\dfrac{1}{\omega C}$
$Z=Z_1+Z_2=R+\dfrac{1}{j\omega C}$

図 2.12

(6) したがって，いちいち回路の微分方程式を作って議論しなくても，複素交流電源 ($e^{j\omega t}$) に対しては

回路素子	インピーダンス Z
R $\longrightarrow$	R
L $\longrightarrow$	$j\omega L$
C $\longrightarrow$	$\dfrac{1}{j\omega C}=-j\dfrac{1}{\omega C}$

とおきかえて，直列や並列の算法，もしくは $E(t)$, $I(t)$, Z を直流回路のと

きの E, I, R と考えて，キルヒホッフの法則を用いることによって，交流回路の問題は解けることになるのである．

複雑な回路でも同様である．$e^{j\omega t}$ で変化する電源をただ一つしかもたない回路を図2.13のように抽象的に表わそう*．その電源を複素表示で $E(t)$ と書くとする．このとき，この回路に流れ入る複素電流 $I(t)$ を図のように定義して，AA′ から右を見こむ入力インピーダンス Z を

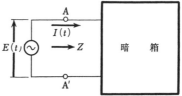

図 2.13

$$Z = \frac{E(t)}{I(t)} \tag{2.70}$$

で定義することにする（今までの Z もすべてこの方式にしたがっている）．

もし，暗箱の内部構造が簡単で，上に述べた方法で Z がらくに求められるとすると

$$Z = |Z|e^{j\,\mathrm{Arg}\,Z} \tag{2.71}$$

となり，電流 $I(t)$, $i(t)$ は直ちに

$$I(t) = \frac{E(t)}{Z} \tag{2.72}$$

$$i(t) = \Re(I(t)) \tag{2.73}$$

で求まる．

これまでは $e(t) = E_m \cos \omega t$ と初位相 $\varphi = 0$ としてきたが，必ずしもいつも $\varphi = 0$ とはかぎらない．そこで，

$$e(t) = E_m \cos(\omega t + \varphi) \tag{2.74}$$

とすると，

$$\begin{aligned}E(t) &= E_m e^{j(\omega t + \varphi)} \\ &= E_m e^{j\varphi} e^{j\omega t} \\ &= \dot{E}_m e^{j\omega t}\end{aligned} \tag{2.75}$$

ただし $\dot{E}_m = E_m e^{j\varphi}$

と表現される．

---

* すなわち暗箱の中には電源は全くないのである．

そうした場合には，式 (2.73) から

$$i(t) = \mathcal{R}\left\{\frac{E_m}{|Z|}e^{j(\omega t+\varphi-\mathrm{Arg}\,Z)}\right\}$$

$$= \frac{E_m}{|Z|}\cos(\omega t+\varphi-\mathrm{Arg}\,Z) \tag{2.76}$$

となり，$e(t)$ の方が $i(t)$ より $\mathrm{Arg}\,Z$ だけ位相が進んでいることになる．この $\mathrm{Arg}\,Z$ は φ とは関係なく，回路の内部構造から決まるものである．

このように $Z=|Z|e^{j\mathrm{Arg}\,Z}$ とわかると，電流の振幅は $E_m/|Z|$ となり，位相が電圧より $\mathrm{Arg}\,Z$ だけ遅れることが直ちにわかるので，実際問題では式 (2.76) のように $i(t)$ まで求めなくても Z だけで回路の働きはわかるのである．

この意味でインピーダンス Z は重要な量となる．同様の議論をすると $I(t)/E(t)=1/Z=Y$ のアドミタンスも重要なものであることは，以上のことを考えるとわかるであろう．

最後に注意しておく．$e(t)$ や $i(t)$ は数学的電源や数学的素子 L，C，R に流れる電流を表わしているが，現実のものとの対応は近似的には成り立つのである．すなわち，近似的には実現可能である．ところが，計算上は便利な $E(t)$ や $I(t)$ は，近似的にも作り得ない，全く架空のものである．だれも jA（A は実数）という量は作り得ないのである．$E(t)$ や $I(t)$ は人間の頭の中で考え出された架空のもので，物理的実在量ではないのである．ただし，それを用いると，現実の問題の解決をらくにするという量である．

この事情を明確に，誤りのないように理解されることを望む．

2.4 交流電力

この章の最後で交流電圧，交流電流にともなっているエネルギーについて考えてみよう．

直流電圧，電流の場合は p.18 に述べておいた．交流の場合には電圧も電流も時間と共に変化している点が直流の場合とは異なる．また直流のときに述べ

2.4 交流電力

ておいたが,電力は重ねの理を用いることができない.したがって,まず実数電圧 $e(t)$,実数電流 $i(t)$ で議論をしなければならない.

(1) まず簡単な場合からはじめよう.

(1-1) 図2.14の抵抗Rが電源 $e(t) = E_m \cos \omega t$ に接続されている場合には,電流 $i(t)$ は直ちに

$$i(t) = \frac{1}{R} e(t) = \frac{E_m}{R} \cos \omega t \qquad (2.77)$$
$$= I_m \cos \omega t$$

である.

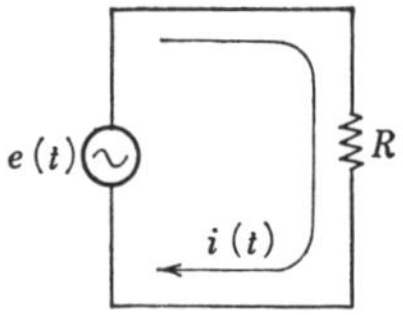

図 2.14

時刻 t から $t+dt$ の間においては,$e(t)$ も $i(t)$ も一定と考えてよい.そうすると p.18 の直流のときに述べたように dt 秒間に電圧 $e(t)$ のところにあった電荷 $dq = i(t) \cdot dt$ が電圧0になったのであるから,dt 秒間に抵抗に供給されたエネルギー dW は

$$dW = e(t) i(t) dt$$
$$= p(t) dt \qquad (2.78)$$

ただし,$p(t) = e(t) i(t)$ \qquad (2.79)

したがって,過去から時刻 t までに供給された全エネルギー W は式 (2.78) を $-\infty$ から t まで積分すればよい.すなわち,

$$W = \int_{-\infty}^{t} p(t) dt = \int_{-\infty}^{t} e(t) i(t) dt \qquad (2.80)$$

である*.

交流現象の場合には $p(t)$ も周期関数となる.そこで,普通は $e(t)$ (または $i(t)$) の周期 $T \left(= \frac{1}{f} \right)$ について $p(t)$ を積分し,それを周期 T で割ったものを**平均電力** P と定義している.

$$P = \frac{1}{T} \int_0^T p(t) \, dt \qquad (2.81)$$

これは平均して1秒間に電気エネルギーがいくら供給されたかを示すことにな

---

* この W は積分が発散して求められない.

る.

これにしたがって，抵抗 R に供給される P を計算すると

$$P = \frac{1}{T}\int_0^T p(t)dt = \frac{1}{T}\int_0^T \frac{E_m{}^2}{R}\cos^2\omega t\, dt$$

$$= \frac{1}{T}\frac{E_m{}^2}{R}\int_0^T \frac{1}{2}(1+\cos 2\omega t)\,dt$$

$$= \frac{E_m{}^2}{2R} = \frac{1}{2}E_m I_m \qquad (2.82)$$

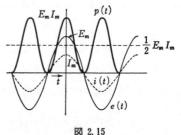

図 2.15

したがって，電圧 e，電流 i の振幅 E_m, I_m の積の半分だけのエネルギーが 1 秒間に抵抗に供給されていることがわかる．ここで

$$E_e = \frac{E_m}{\sqrt{2}} \qquad \text{すなわち} \quad E_m = \sqrt{2}\,E_e \qquad (2.83)$$

$$I_e = \frac{I_m}{\sqrt{2}} \qquad \text{すなわち} \quad I_m = \sqrt{2}\,I_e \qquad (2.84)$$

とおくと

$$P = \frac{1}{2}E_m I_m = E_e I_e \qquad (2.85)$$

となり，直流のときと同じ表現となることがわかる．この E_e, I_e を電圧，電流振幅の**実効値**とよんでいる．

(1-2) 図 2.16 (a)，(b) の L, C の場合

$e(t) = E_m \cos \omega t$ に対しての電流 $i(t)$ は式 (2.21) と式 (2.19) から

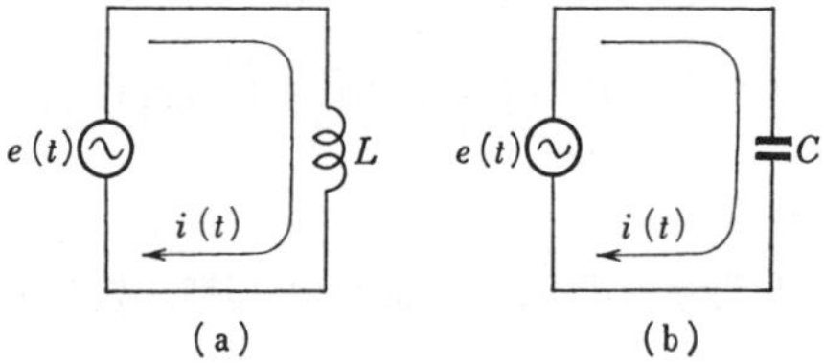

図 2.16

$$i_L = \frac{E_m}{\omega L}\sin\omega t$$

$$p(t) = \frac{E_m{}^2}{\omega L}\cos\omega t \sin\omega t$$

$$i_C = -\omega C E_m \sin\omega t$$

$$p(t) = -\omega C E_m{}^2 \cos\omega t \sin\omega t$$

2.4 交流電力

$$= \frac{E_m^2}{\omega L}\frac{1}{2}\sin 2\omega t \qquad\qquad = -\frac{1}{2}\omega C E_m^2 \sin 2\omega t$$

$$P = \frac{1}{T}\int_0^T p(t)\,dt \qquad\qquad P = \frac{1}{T}\int_0^T p(t)\,dt$$

$$= 0 \qquad\qquad\qquad\qquad\qquad = 0$$

で両者共に平均電力 P は 0 である．すなわち，L, C は電力を消費しないことを表わしている．$p(t)$（これを**瞬時電力**という）を図に示すと図 2.17 のようになる．L も C も $p(t)$ は正になったり，負になったりして，平均電力 P は 0 である．$p(t)>0$ のときはエネルギーを蓄えていて，$p(t)<0$ のときはその蓄えたエネルギーを電源にもどしているのである．

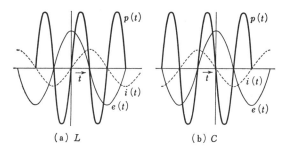

図 2.17

(1-3) 図 2.18 のように，一般の回路で，その入力インピーダンスが Z であるとする．

$$Z = |Z|e^{j\theta}$$

前に述べたことから

$$e(t) = E_m \cos(\omega t + \varphi)$$

とすると

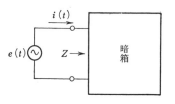

図 2.18

$$i(t) = I_m \cos(\omega t + \varphi - \theta) = \frac{E_m}{|Z|}\cos(\omega t + \varphi - \theta)$$

したがって

$$p(t) = I_m E_m \cos(\omega t + \varphi)\cos(\omega t + \varphi - \theta)$$

$$P = \frac{1}{T}\int_0^T p(t)\,dt = \frac{I_m E_m}{T}\int_0^T \frac{1}{2}\{\cos\theta + \cos(2\omega t + 2\varphi - \theta)\}\,dt$$

$$= \frac{I_m E_m}{2}\cos\theta = I_e E_e \cos\theta \qquad (2.86)$$

$$= \frac{E_m^2}{2|Z|}\cos\theta = \frac{I_m^2}{2}|Z|\cos\theta$$

となる.

$\theta = \mathrm{Arg}\,Z$ であるが, $\cos\theta$ のことを力率とよんでいる.

(1-1), (1-2) の例では $Z=R$, $Z=j\omega L$, $Z=-j\dfrac{1}{\omega C}$ であるから $\mathrm{Arg}\,Z=\theta$ はそれぞれ 0, $\dfrac{\pi}{2}$, $-\dfrac{\pi}{2}$ で, したがって $\cos\theta$ が 1, 0, 0, となり, 式 (2.86) からそれぞれ前に求めたものがでる.

図 2.18 の入力インピーダンス Z を実部 R_{in} と虚部 X_{in} に分けると (X_{in} を リアクタンスとよぶ)

$$Z = R_{\mathrm{in}} + jX_{\mathrm{in}} \qquad (2.87)$$

しかるに $|Z| = \sqrt{R_{\mathrm{in}}^2 + X_{\mathrm{in}}^2}$, $\tan\theta = \dfrac{X_{\mathrm{in}}}{R}$ から

$$|Z|\cos\theta = R_{\mathrm{in}} \qquad (2.88)$$

であるから, 式 (2.86) は

$$P = \frac{I_m^2}{2}R_{\mathrm{in}} = I_e^2 R_{\mathrm{in}} \qquad (2.89)$$

とも書ける. これは, P は入力インピーダンスの実数部 R_{in} と電流振幅 I_m または実効値 I_e がわかれば求まることを示している.

(2) 以上は, $e(t)$, $i(t)$ から $p(t)$ を出し, それの一周期 T の平均として平均電力 P を出したのであるが, せっかく $E(t)$, $I(t)$ という交流複素表現も知っているのであるから, これを使って出せないであろうかという疑問がわくであろう. (1-3) の場合は

$$E(t) = E_m e^{j(\omega t+\varphi)} = \dot{E}_m e^{j\omega t}$$
$$\dot{E}_m = E_m e^{j\varphi} \qquad (2.90)$$
$$I(t) = I_m e^{j(\omega t+\varphi-\theta)} = \dot{I}_m e^{j\omega t}$$

2.4 交流電力

$$\dot{I}_m = I_m e^{j(\varphi-\theta)} = \frac{E_m}{|Z|} e^{j(\varphi-\theta)} \tag{2.91}$$

である.この $E(t), I(t), (\dot{E}_m, \dot{I}_m)$ を用いて式 (2.86) が得られないであろうか.

$$E(t)I(t) = \dot{E}_m \dot{I}_m e^{j2\omega t} \tag{2.92}$$

$$\overline{E}(t)I(t) = E_m e^{-j\varphi} e^{-j\omega t} I_m e^{j(\varphi-\theta)} e^{j\omega t}$$

$$= E_m I_m e^{-j\theta} \tag{2.93}$$

$$E(t)\overline{I}(t) = E_m e^{j\varphi} e^{j\omega t} I_m e^{-j(\varphi-\theta)} e^{-j\omega t}$$

$$= E_m I_m e^{j\theta} \tag{2.94}$$

式 (2.92) は t の関数であるから P とは一致しない.式 (2.93), (2.94) の実部を考えると,

$$\mathcal{R}(\overline{E}(t)I(t)) = E_m I_m \cos(-\theta) = E_m I_m \cos\theta$$

$$\mathcal{R}(E(t)\overline{I}(t)) = E_m I_m \cos\theta$$

で両者ともに $2P$ と一致することがわかる.

$$2P = \mathcal{R}(\overline{E}(t)I(t)) = \mathcal{R}(E(t)\overline{I}(t)) \tag{2.95}$$

$$= \mathcal{R}(\overline{\dot{E}}_m \dot{I}_m) = \mathcal{R}(\dot{E}_m \overline{\dot{I}}_m) \tag{2.96}$$

$E(t)$ でも $I(t)$ でもどちらでもよいが,どちらかの共役と他方の積 $\dot{P}$ の実部から平均電力 P が求まることになる.

$$\dot{P} = P_r + jP_s \tag{2.97}$$

とおくとき $P_r/2$ は平均電力 P と一致し,**有効電力**とよばれ,$P_s/2$ は**無効電力**とよばれている.$(E_m \overline{I}_m)/2$ を**皮相電力**とよぶ.$\dot{P}$ として $\overline{E}(t)I(t)(=\overline{\dot{E}}_m \dot{I}_m)$ をとるか $E(t)\overline{I}(t)(=\dot{E}_m \overline{\dot{I}}_m)$ をとるかによって P_s の符号がかわってくる.仮りに後者をとったとして

$$2\dot{P} = E(t)\overline{I}(t) = \dot{E}_m \overline{\dot{I}}_m$$

に $E(t) = ZI(t) = (R_{\text{in}} + jX_{\text{in}})I(t)$ (または $\dot{E}_m = Z\dot{I}_m$) を代入すると

$$\dot{P} = (P_r + jP_s) = Z\dot{I}_m \overline{\dot{I}}_m = (R_{\text{in}} + jX_{\text{in}})|\dot{I}_m|^2$$

から

$$P_r = R_{\text{in}} |\dot{I}_m|^2$$

$$P_s = X_{in}|\dot{I}_m|^2 \tag{2.98}$$

となり，前者から $P_r/2$ は式 (2.89) と一致し，また後者から無効電力 $P_s/2$ は入力インピーダンスの虚数部のリアクタンスに関係していることがわかる．$\dot{P}$ を**複素電力**という．

このように複素表示電圧，電流を用いても P を表わすことができるのである．注意すべきは $E(t)(\dot{E}_m)$ か $I(t)(\dot{I}_m)$ のどちらかの共役をとって積をつくることである．

問　題

（1）$e(t) = 100\sqrt{2}\cos(2\pi ft)$ の電圧源に，ある素子を接続したとき流れる電流が

（i）$i(t) = \sqrt{2}\cos(2\pi ft)$

（ii）$i(t) = \sqrt{2}\cos\left(2\pi ft - \dfrac{\pi}{2}\right)$

（iii）$i(t) = \sqrt{2}\cos\left(2\pi ft + \dfrac{\pi}{2}\right)$

であったとする．$e(t)$, $i(t)$ の複素表示 $E(t)$, $I(t)$ を示せ．次に各素子のインピーダンス Z はいくらか．

（2）図 2.19 に示す電流を（i）抵抗 R の素子，（ii）インダクタンス L に流すための電圧源 $e(t)$ はどんな波形をしているか．

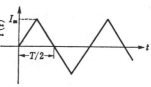

図 2.19

（3）図 2.20 の回路 (a) に，(b) で示すような波形の電流を流すためには AA' 端子間にどのような波形の電圧がいるか（この電流波形はテレビで用いられている）．

（4）容量 C が時間とともに $C_0(1 - m\cos\omega t)$ で変化するコンデンサに，直流電圧源 E_0（内部抵抗 0）が接続されている．流れる電流波形と極板上の電荷の変化を式と

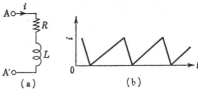

図 2.20

図で示せ.

(5) 図2.21の回路で，$e(t)$ および C が
$$e = E_m \cos(\omega t)$$
$$C = C_0(1 - \sin \omega t)$$
というように時間変化をしているとき，電流 $i(t)$ は角周波数 ω と 2ω の正弦波とを含むことを示せ.

図 2.21

(6) $e = 100 \cos 314t$ 〔V〕の電圧を R, C の並列回路に加えたら，全電流 $i(t)$ の波形は図2.22のようであった．R, C の値を求めよ.

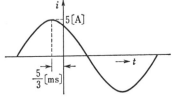

図 2.22

(7) 図2.23に示す回路において端子AA′間に周波数 f の交流電圧源を加えたとき，I_1 と I_2 が等しかった．周波数 f はいくらか.

(8) 図2.24の回路で，ある周波数 f のとき $R = 3\Omega$, $\omega L = 6\Omega$, $\dfrac{1}{\omega C} = 12\Omega$ であり，$|I| = 1\mathrm{A}$ の電流が流れた．電源電圧 E の大きさは $2f$, $\dfrac{1}{2}f$ の周波数でも一定とすると，$2f$, $\dfrac{1}{2}f$ ではいくらの大きさの電流が流れるか.

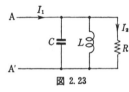

図 2.23

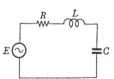

図 2.24

(9) 図2.25の回路で，次表の結果が得られた．R と C の値はいくらであるか．
ただし，電圧源は 10V であるとする．
また $f = 2000\mathrm{Hz}$ の $|I|$ はいくらか.

f〔Hz〕	電流 I の大きさ〔mA〕
400	40
1 000	60

(10) 図2.26で電源，各枝の電流の複素表示を E, I_1, I_2, I_3 とする.

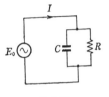

図 2.25

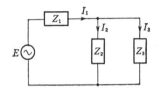

図 2.26

このとき，一般的には
$$|I_1| \neq |I_2|+|I_3|$$
である．この理由をのべよ．また
$$|I_1|=|I_2|+|I_3|$$
となるのはどういう場合であろうか．

(11) 図2.27の回路では，各瞬間において，次の式が成立している．

$$e(t)=Ri(t)+L\frac{di(t)}{dt}+\frac{1}{C}q(t)$$

ただし $q(t)=\int_{-\infty}^{t}i(t)dt$

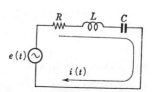

図2.27

この両辺に $i(t)$ をかけると，

$$e(t)i(t)=Ri^2(t)+\frac{d}{dt}\left(\frac{1}{2}Li^2(t)+\frac{1}{2}\frac{1}{C}q^2(t)\right)$$

になることを示せ．次にこの物理的意味を，両辺を $-\infty$ から t まで積分することによって考えよ．

(12) 100V（実効値），1000Wのヒータがある．ところが電源が 50Hz の交流（実効値 200V）電源しかないとする．ヒータにかかる電圧を 100V（実効値）に調整するために，抵抗器またはインダクタのどちらかをヒータに直列に接続しようと思う．

　（i）各場合の抵抗値 R，インダクタンス L を求めよ．

　（ii）各場合に電源から供給される電力はいくらか．

(13) 図2.28の回路において，電源電圧 E，周波数 f は一定とし，次の条件の下で抵抗 R で消費される電力が最大となるようにしたい．その条件を求めよ．

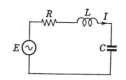

図2.28

　（i）R は一定で L および C が可変．

　（ii）L, C は一定で R が可変．

(14) $f(t)$ を t で1階微分して，でてくる関数 $f'(t)$ が $f(t)$ に比例する，すなわち

$$\frac{df(t)}{dt}=kf(t)$$

となる関数は何か．次に $k=j\omega$ とおいてみよ．

(15) $f(t)$ を t で2階微分して，でてくる関数 $f''(t)$ が $f(t)$ に比例する，

すなわち，
$$\frac{d^2f(t)}{dt^2}=\beta^2 f(t)$$
となる関数は何か．

第3章

正弦波交流回路

3.1 インピーダンス Z, アドミタンス Y

(1) 2章でインピーダンス Z については詳しく述べたが, アドミタンス Y については, Z の逆数という程度しかふれていなかった. ここで, もう少し詳しく説明しておく.

図3.1で示したように, AA′ から見こむインピーダンス Z は正弦波交流電圧, 電流 $e(t)$, $i(t)$ の複素表現, すなわち, 複素正弦波交流電圧 $E(t)$ と電流 $I(t)$ (または電圧, 電流の複素振幅 $\dot{E}_m$ と $\dot{I}_m$)* の比で定義されたものである.

$$Z = \frac{E(t)}{I(t)} = \frac{E_m}{I_m} \tag{3.1}$$

アドミタンス Y は Z の逆数で

$$Y = \frac{I(t)}{E(t)} = \frac{I_m}{E_m} = \frac{1}{Z} \tag{3.2}$$

である.

Z も Y も一般に複素数で, それらを通常

$$Z = R + jX \tag{3.3}$$

$$Y = G + jB \tag{3.4}$$

と表わす. G はコンダクタンス, B はサセプタンスとよばれている.

---

*これ以後は, $\dot{E}_m$, $\dot{I}_m$ と・を上につけるのは面倒であるから, この意味で E_m, I_m と書くことにする.

3.1 インピーダンス Z, アドミタンス Y

インピーダンス，アドミタンスは英語の **Impede**（妨げる），**Admit**（許す）の名詞で，式 (3.1)，式 (3.2) を見ると，その意味と働きの一致がわかるであろう．

(2) アドミタンス Y は並列接続回路のときに用いると便利である．図 3.1 のような場合，各アドミタンス $Y_i (i=1, 2, \ldots, n)$ にかかる電圧は E であるから

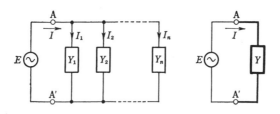

図 3.1

$$I_1 = Y_1 E, \quad I_2 = Y_2 E, \ldots, I_n E$$

また $I = I_1 + I_2 + \cdots + I_n$ で，したがって

$$I = (Y_1 + Y_2 + \cdots + Y_n) E$$

合成のアドミタンスを Y とすると $I = YE$ すなわち

$$Y = Y_1 + Y_2 + \cdots + Y_n \tag{3.5}$$

と合成アドミタンスは各アドミタンス Y_i の和で表わされる．

(3) E_m, I_m, Z, Y は複素数であるから，これらを平面上のベクトルで表示することもできる．

一般に複素数 $z = x + jy$ は図 3.2 に示すようにガウス平面上に点 P として表わされるが，原点 O から P までにひいたベクトル $\overrightarrow{OP}$ としても表わせる．ベクトル $\overrightarrow{OP}$ と複素数 z には 1 対 1 の対応がある．しかるに，ベクトル量そのものは，まずはじめは，物理的実在の

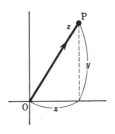

図 3.2

速度，電界，磁界等を表わすために考えだされた量である．一方，複素数自身は物理的実在の量ではない．数学的に1対1の対応があれば，便利な方を用いた方がらくであることから，複素数 z をベクトル $\overrightarrow{OP}$ で表わしてもよいが，物理的実在ベクトルと混同すると困るときには特にフェザー（phaser）という言葉で $\overrightarrow{OP}$ をよぶ．

複素数 z に j をかけるということは，複素数 jz が $jz = j(x+jy) = -y+jx$ であるから，図3.3に示しているように，ベクトルでいうとベクトル $\overrightarrow{OP}$ が時計と反対方向に $\dfrac{\pi}{2}$ だけ回転して $\overrightarrow{OP'}$ となったことに対応している．

同様に考えると，複素数に $-j$ をかけることは時計と同じ方向に，対応するベクトルを $\dfrac{\pi}{2}$ だけ回転することになる．

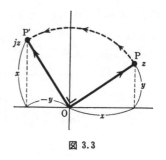

図 3.3

$j^2 (=-1)$ をかけることは $j \times j$ であるから時計と反対方向に $\pi/2$ 回転を2回すなわち π 回転することに対応する．

E_m と I_m をベクトルで表現したとすると，簡単な回路の場合，それらは図

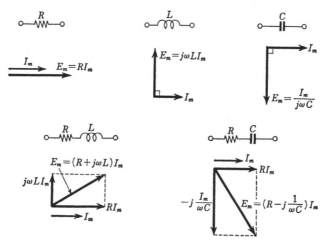

図 3.4

3.4のようになることが以上のことからわかるであろう．

（4）インピーダンス Z やアドミタンス Y は一般に角周波数 ω がかわると変化する量である．当然，数式上からその変化の様子（周波数特性という）はわかるが，それを複素平面上にプロットして Z や Y の ω に対する軌跡を調べることによってもわかる．最近は電子計算機によって，短時間でらくに，複雑な $Z(Y)$ の ω に対する特性を計算できるようになっているから，この図式による方法はあまりはやらなくなっている．が，大体の様子を直ちにつかむことができて便利ではある．

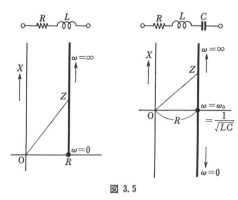

図 3.5

図 3.5 に RL 直列回路と RLC 直列回路の Z の軌跡を示すことにする．

（5）さて，インピーダンス Z，アドミタンス Y の定義から，

$$Z=\frac{E_m}{I_m},\ Y=\frac{I_m}{E_m}$$

であるから，Z については $I_m=1$ とすると $Z=E_m$，Y については $E_m=1$ とすると $Y=I_m$ となる．

このことから，回路のインピーダンス Z は，複素電流振幅 $I_m=1$ の電流を回路に流しこむに必要な複素電圧の複素電圧振幅 E_m であるといってもよいことがわかる．同様に回路のアドミタンス Y は，複素電圧振幅 $E_m=1$ の電圧を回路の端子に加えたときに，回路に流れこむ複素電流の複素振幅 I_m であるといってもよい．

この解釈は見かけより重要である．線形回路では原因の大きさが 1 のときの結果がわかれば，すべての大きさの原因のときの結果もわかる（重ねの理）こ

とからの必然的結論であって，電流振幅1（電圧振幅1）の原因に対する結果の電圧振幅 E_m（電流振幅 I_m）をインピーダンス Z（アドミタンス Y）という形で把握していることになる．

表3.1に R, L, C の素子と簡単な回路の Z と Y とを示しておく．

これらの知識をもとにして以下代表的な交流回路の特性を調べてみる．

表 3.1

素子または回路	記号	インピーダンス Z	アドミタンス
抵 抗 R	─W─	$Z=R$	$Y=G=\dfrac{1}{R}$
インダクタンス L	─⁀⁀⁀─	$Z=X=j\omega L$	$Y=B=\dfrac{1}{j\omega L}$
キャパシタンス C	─┤├─	$Z=X=\dfrac{1}{j\omega C}$	$Y=B=j\omega C$
RL 直列回路		$Z=R+j\omega L$	$Y=\dfrac{1}{R+j\omega L}$
RL 並列回路		$Z=\dfrac{j\omega LR}{R+j\omega L}$	$Y=\dfrac{1}{R}+\dfrac{1}{j\omega L}$
LC 直列回路		$Z=j\left(\omega L-\dfrac{1}{\omega C}\right)$	$Y=\dfrac{j\omega C}{1-\omega^2 LC}$
LC 並列回路		$Z=\dfrac{j\omega L}{1-\omega^2 LC}$	$Y=j\left(\omega C-\dfrac{1}{\omega L}\right)$

3.2 直列共振回路と並列共振回路

（1） 図3.6(a)，(b) に示す回路の動作を，それぞれインピーダンス Z，アドミタンス Y によって調べてみよう．

これまでのことから (a)，(b) の回路の AA' から右を見た，それぞれ Z，Y が

$$Z=R+j\left(\omega L-\dfrac{1}{\omega C}\right) \tag{3.6}$$

3.2 直列共振回路と並列共振回路

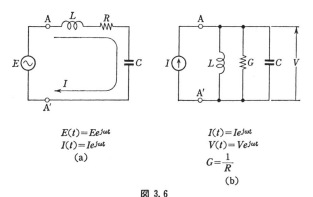

$$E(t)=Ee^{j\omega t}$$
$$I(t)=Ie^{j\omega t}$$
(a)

$$I(t)=Ie^{j\omega t}$$
$$V(t)=Ve^{j\omega t}$$
$$G=\frac{1}{R}$$
(b)

図 3.6

$$Y=G+j\left(\omega C-\frac{1}{\omega L}\right) \tag{3.7}$$

となることはよいであろう．Z と Y とは数学的に ω に対しては同じ関数形であるから一方を調べればよいであろう．式 (3.6) の Z について以下考えてゆく．

すこし天下り的であるが Z を次のように変形する．

$$\begin{aligned}Z&=R+j\omega_0 L\left(\frac{\omega}{\omega_0}-\frac{1}{\omega_0\omega LC}\right)\\&=R\left\{1+j\frac{\omega_0 L}{R}\left(\frac{\omega}{\omega_0}-\frac{\omega_0}{\omega}\right)\right\}\\&=R\left\{1+jQ\left(x-\frac{1}{x}\right)\right\}\end{aligned} \tag{3.8}$$

ここに
$$Q=\frac{\omega_0 L}{R},\ \omega_0=\frac{1}{\sqrt{LC}} \tag{3.9}$$

$$x=\frac{\omega}{\omega_0} \tag{3.10}$$

$\omega=\omega_0$ のときの Z は式 (3.8) から $Z=R$ となるが，これを Z_0 とおこう．これを共振時のインピーダンスという．すると，

$$z=\frac{Z}{Z_0}=1+jQ\left(x-\frac{1}{x}\right) \tag{3.11}$$

z は Z が Z_0 の何倍かを表わし，x は ω が ω_0 の何倍かを表わす．これらは無次元数である．

さて，電流 I は

$$I = \frac{E}{Z} = \frac{E}{Z_0} \cdot \frac{1}{1 + jQ\left(x - \frac{1}{x}\right)} \tag{3.12}$$

ここで $\omega = \omega_0$ ($x=1$) のときの電流を I_0 とすると

$$I_0 = \frac{E}{Z_0} = \frac{E}{R} \tag{3.13}$$

電流 I を I_0 で割って考えると

$$\frac{I}{I_0} = \frac{1}{1 + jQ\left(x - \frac{1}{x}\right)} \tag{3.14}$$

この量は，$x=x$ のときの電流 I が $x=1$ のときの電流 I_0 の何倍であるかを示している．この大きさだけを考えると，

$$y(x) = \left|\frac{I}{I_0}\right|^2 = \frac{1}{1 + Q^2\left(x - \frac{1}{x}\right)^2} \tag{3.15}$$

となる．$y(x)$ は $x=1$ のとき最大（すなわち $\omega = \omega_0$ のときに流れる電流 I の大きさが最大であることを意味する）であることがわかる．

$y(x)$ の様子は図 3.7 のようになる．

Q が大きい場合には $x=1$ の前後で x が少し変わっても $y(x)$ の変化が大きいことがわかる．

周波数 ω と電流 I になおしていうと，$\omega = \omega_0$ のとき $|I| = |I_0|$ であるが，ω が ω_0 から離れると急激に $|I|$ が

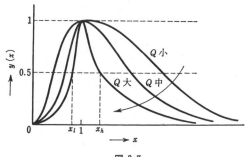

図 3.7

小さくなってゆくことになる．このような特性をもつので図 3.6 (a) を**直列共振回路**といい，ω_0 を**共振角周波数**といっている．これから共振回路には**選択性**があることがわかる．この選択性の度合を表わすのに $|I|$ が最大の $|I_0|$ の 70.7% ($1/\sqrt{2}$)，すなわち $y(x)$ が $y(1)=1$ の 50% (1/2) になる周波数 f_l,

f_h ($f_l < f_h$) を考え,$|I| \geqq \dfrac{1}{\sqrt{2}}|I_0|$ となる周波数帯域幅 B ($= f_h - f_l$) を求めて,その共振周波数 $f_0 \left(= \dfrac{\omega_0}{2\pi} = \dfrac{1}{2\pi\sqrt{LC}} \right)$ を B で割った量を用いている.これを S としておこう.

$$S = \frac{f_0}{B} = \frac{f_0}{f_h - f_l} \tag{3.16}$$

式 (3.15) から選択度 S は Q が大きいほど大きいといえる.

$Q \gg 1$ の条件で式 (3.16) の S を求めてみよう.式 (3.15) で $y(x) = \dfrac{1}{2} y(1)$ となるのは

$$Q^2 \left(x - \frac{1}{x} \right)^2 = 1 \tag{3.17}$$

を満たす x においてである.

$Q \gg 1$ から,$x = 1 + \Delta x$ とおくと $|\Delta x| \ll 1$ であるから,近似値を用いると

$$Q^2 \left(\frac{x^2 - 1}{x} \right)^2 \fallingdotseq Q^2 (2\Delta x)^2 = 1$$

で,

$$2(\Delta x)_l = -\frac{1}{Q}, \quad 2(\Delta x)_h = +\frac{1}{Q}$$

となる.しかるに

$$f_l = f_0(1 + (\Delta x)_l), \quad f_h = f_0(1 + (\Delta x)_h)$$

から,$B = f_h - f_l = f_0\{(\Delta x)_h - (\Delta x)_l\} = f_0 \dfrac{1}{Q}$

したがって

$$S = \frac{f_0}{B} = Q \tag{3.18}$$

すなわち,選択度 S は式 (3.9) の Q と同じ値であることがわかる.

この回路で C を可変にしておくと共振周波数 f_0 が変化する.

図 3.8 に示すように,電源 $E(t)$ が多くの周波数 $f_1, f_2, \ldots, f_n$ の交流正弦波の和であ

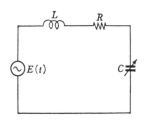

$E(t) = \sum_{i=1}^{n} E_{mi} e^{j\omega_i t}$

図 3.8

ったとし，かつ f_2-f_1, f_3-f_2, ……と各周波数間の間隔が十分に離れている場合，C を可変にして共振回路の周波数 f_0 を f_i に一致させたとすると，回路に流れる電流 $I(t)$ は $(|E_{mj}|(j=1, 2, ……, n)$ が同じ程度の大きさと仮定する），$f=f_i$ の周波数のものが大きく，他の周波数 $f=f_j(j\neq i)$ は小さくなる．これが周波数の選択性があることの説明になる．

現在のラジオ，テレビ放送の局やチャネルの選択には，これが使われている．$E(t)$ はアンテナで受信された電圧である．

このように，直列共振回路が選択用回路として使用できることを実用化したのは，無線通信工学の偉大な先駆者のマルコニーである（1901年）．

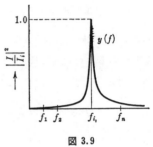

図 3.9

(2) 並列共振回路については，電流 I に対して図 3.6 (b) の電圧 V の大きさ $|V|$ が共振周波数 $f_0\left(=\dfrac{1}{2\pi\sqrt{LC}}\right)$ で最大になり，他の周波数で小さくなるという性質をもつことが同様にすると容易にわかる．

直列共振回路では f_0 においてインピーダンスの大きさ $|Z|$ が最小の R となり，他の周波数では $|Z|>|Z_0|=R$ であるが，並列共振回路では f_0 においてインピーダンスの大きさ $|Z|$ が最大の R となり，他の周波数では $|Z|<|Z_0|=R$ となる．

実際の並列共振回路はインダクタ（コイル）とキャパシタ（コンデンサ）を並列に接続することで構成されていて，その回路は図 3.10 (a) のようになる．実際のコイルは L だけでなく抵抗分 r をもっていて，それは無視できない．

このままで解析すると（r と L の直列）

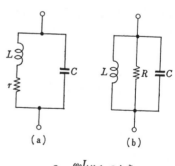

$Q_L=\dfrac{\omega_0 L}{r}\gg 1$ のとき
$R=rQ_L^2$

図 3.10

C の並列回路となりやや面倒なので,普通は同図 (b) のように回路をおきかえている. これは

$$Q_L = \frac{\omega_0 L}{r} \gg 1 \qquad (3.19)$$

の条件の下に可能である. それは,(a),(b) 両者のインピーダンスが等しいかどうかを調べることでわかる. $\omega = \omega_0$ の付近では

$$Z_a = \frac{(r+j\omega L) \times \frac{1}{j\omega C}}{(r+j\omega L) + \frac{1}{j\omega C}} = \frac{(r+j\omega L)}{(1-\omega^2 LC) + j\omega Cr} \qquad (3.20)$$

$$Y_a = \frac{1}{Z_a} = \frac{(1-\omega^2 LC) + j\omega Cr}{r+j\omega L} \fallingdotseq \frac{(1-\omega^2 LC) + j\omega Cr}{j\omega L} \quad (\omega_0 L \gg r \text{ から})$$

$$= j\omega C + \frac{1}{j\omega L} + \left(\frac{C}{L}\right) r \qquad (3.21)$$

ここに $Q_L = \frac{\omega_0 L}{r}$, $f_0 = \frac{1}{2\pi\sqrt{LC}}$ を用いると

$$\left(\frac{C}{L}\right) r = \frac{1}{r Q_L{}^2}$$

ところで,(b) のアドミタンス Y_b は

$$Y_b = j\omega C + \frac{1}{j\omega L} + \frac{1}{R} \qquad (3.22)$$

ここで両者を比較すると

$$R = \frac{L}{C} \cdot \frac{1}{r} = r Q_L{}^2 \qquad (3.23)$$

とすれば等しくなることがわかる.

このように (a)→(b) と変換できるので図 3.6 では,はじめから (b) の回路を書いておいたのである.

表 3.2

	直列共振回路	並列共振回路
共振周波数 f_0	$\dfrac{1}{2\pi\sqrt{LC}}$	
選択度 S	$Q = \dfrac{2\pi f_0 L}{R}$	$Q = \dfrac{2\pi f_0 C}{G} = 2\pi f_0 CR$
共振時インピーダンス,アドミタンス	$Z_0 = R$	$Y_0 = G$ $Z_0 = \dfrac{1}{G} = R$
非共振時インピーダンス,アドミタンス	$\lvert Z \rvert > \lvert Z_0 \rvert$ $\lvert I \rvert < \lvert I_0 \rvert$	$\lvert Y \rvert > \lvert Y_0 \rvert$, $\lvert Z \rvert < \lvert Z_0 \rvert$ $\lvert V \rvert < \lvert V_0 \rvert$

以上を整理してまとめると，表3.2のようになる．

3.3 相互誘導回路，理想トランス

（1） コイルに電流を流すと磁束が生じることは電磁気で習っていることであろう．ところで，このときできる磁束は図3.11のように，一般的に外部にはみだしている．したがって，第2のコイルを近くにおくと，第2のコイルにも磁束が鎖交することになる．この鎖交磁束Φが時間的に変化すると，第2の回路に電圧を誘起することになる．これが**相互誘導現象**のあらましである．

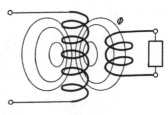

図 3.11

図3.12のようにコンデンサに電荷を与えると，電気力線が生じるが，その一部もはみだしているから，コンデンサの外部に第2のコンデンサをもっていくと，第2のコンデンサにも電圧が生じる．これも誘導電圧である．ところ

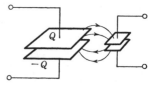

図 3.12

で，図3.12の形式では第2の回路に発生する電圧は直流分も含むが，図3.11の形式ではΦの時間的変化に比例する電圧が誘導されるので直流分はない．まずこれが両者で異なる点である．次に図3.11では，第2回路の誘起電圧は第1の回路に加えた電圧より大きくできるが，図3.12ではそれができない．

これら二つの理由で，この図3.11にその原理が示されている相互誘導回路が交流ではよく使われるのである．まずその交流理論的取り扱いを述べよう．

図3.13(a)に示すように回路の第2の回路のインピーダンスをZ_Lとしておく．

実電圧 $e(t)$ と実電流 $i_1(t)$, $i_2(t)$ とすると次の方程式が成り立つ．

$$e(t) = L_1 \frac{di_1}{dt} + M \frac{di_2}{dt} \tag{3.24}$$

$$0 = L_2 \frac{di_2}{dt} + M \frac{di_1}{dt} - v_L(t) \tag{3.25}$$

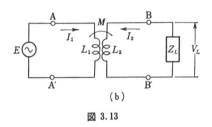

すべての量を複素表現すると（図 3.13(b)），振幅だけの式として

$$E = j\omega L_1 I_1 + j\omega M I_2 \tag{3.26}$$

$$0 = j\omega L_2 I_2 + j\omega M I_1 - V_L \tag{3.27}$$

$$V_L = -Z_L I_2$$

が式 (3.24), (3.25) からでてくる（時間依存を $e^{j\omega t}$ とすると $\dfrac{d}{dt} \to j\omega$ であるから）．

図 3.13

この式 (3.26), (3.27) を少し変形すると

$$E = j\omega(L_1 - M)I_1 + j\omega M(I_1 + I_2) \tag{3.28}$$

$$V_L = j\omega(L_2 - M)I_2 + j\omega M(I_1 + I_2) \tag{3.29}$$

となる．この式をみると，図 3.14 の回路の電圧，電流と同じことがわかる．

とすると，図 3.13(b) と図 3.14 とを比較すると電源 E と負荷 Z_L は共に同じであるから，AA′ から BB′ 間が等価であることがいえる．

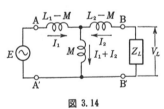

図 3.14

すなわち，図 3.15 のように，端子 A，B に流入する電流および端子 AA′，BB′ 間の電圧だけに注目すると両者は同一の内容をもっている．ただし，図 3.15(b) の回路の節点 C を考えて，それに対応するところが (a) のどこにあるかといわれても，それはナンセンスである．(a), (b) の等価性は内部に関しては全く関知していないのである．

図3.13または図3.14の AA′ から見た入力インピーダンス Z_1 は，直並列回路の考えから

$$Z_1 = j\omega(L_1-M) + \frac{\{Z_L + j\omega(L_2-M)\} \cdot j\omega M}{\{Z_L + j\omega(L_2-M)\} + j\omega M}$$

$$= j\omega L_1 + \frac{\omega^2 M^2}{j\omega L_2 + Z_L} \qquad (3.30)$$

となる．

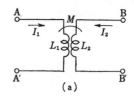

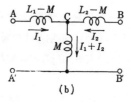

図 3.15

こう考えると端子 AA′ から端子 BB′ はインピーダンス Z_L を Z_1 に変換する**インピーダンス変換器**と見なすことができる．

また電流 I_1 と I_2 の比は式 (3.27) から

$$\frac{I_2}{I_1} = \frac{-j\omega M}{j\omega L_2 + Z_L} \qquad (3.31)$$

となる．V_L/E も同様に

$$\frac{V_L}{E} = \frac{I_1}{E} \cdot \frac{I_2}{I_1} \cdot \frac{V_L}{I_2}$$

$$= \frac{j\omega M Z_L}{(j\omega L_2 + Z_L) Z_1} \qquad (3.32)$$

と求まる．

（2）さて，ここで**理想変圧器（理想トランス）**を考えてみる．

1次，2次のコイルの巻数を N_1, N_2 とすると，一般的に

$$L_1 = K_1 N_1^2 \qquad M = k\sqrt{K_1 K_2}\, N_1 N_2$$
$$L_2 = K_2 N_2^2$$

であるが，漏れ磁束がないときは $K_1 = K_2 = K$, $k = \pm 1$ であるから

$$L_1 = KN_1^2 \quad L_2 = KN_2^2 \quad M^2 = K^2 N_1^2 N_2^2 \qquad (3.33)$$

となる．これらを用いて計算をしよう．

すると，式 (3.30) から

$$Z_1 = \frac{j\omega L_1 Z_L}{j\omega L_2 + Z_L} = \frac{1}{\dfrac{L_2}{L_1}\dfrac{1}{Z_L} + \dfrac{1}{j\omega L_1}} = \frac{1}{\left(\dfrac{N_2}{N_1}\right)^2 \dfrac{1}{Z_L} + \dfrac{1}{j\omega L_1}}$$

また理想トランスのときは $L_1\to\infty$ であるから

$$Z_1=\left(\frac{N_1}{N_2}\right)^2 Z_L \tag{3.34}$$

となり，Z_1 は Z_L の $\left(\dfrac{N_1}{N_2}\right)^2$ 倍となる．すなわち，理想トランスのインピーダンス変換は，Z_L を巻線比の2乗倍するものであることがわかる．

次に式 (3.31) から

$$\frac{I_2}{I_1}=-\frac{M}{L_2}=-\left(\frac{N_1}{N_2}\right) \tag{3.35}$$

式 (3.32) から

$$\frac{V_L}{E}=\frac{j\omega M Z_L}{j\omega L_2+Z_L}\cdot\frac{j\omega L_2+Z_L}{j\omega L_1 Z_L}=\frac{M}{L_1}=\frac{N_2}{N_1} \tag{3.36}$$

となる．式 (3.35)，(3.36) と複素電力 $\dot{P}_1=E\dot{I}_1$，$\dot{P}_2=V_2(-\dot{I}_2)$ を考えると

$$\frac{\dot{P}_1}{\dot{P}_2}=\frac{E\cdot\dot{I}_1}{V_2\cdot(-\dot{I}_2)}=1 \tag{3.37}$$

となる．

式 (3.36) から，$N_2>N_1$ であると $V_L>E$ である．すなわち，電源電圧 E よりも第2次回路の V_L の方が大きいことになる．このときは，式 (3.35) から $|I_2|<|I_1|$ である．また理想トランスによって複素電力（当然平均電力も）は入力から Z_L にそのまま伝えられることが式 (3.37) からわかる．

このように交流電圧はトランスで振幅を大きくすることができる．しかるに，直流電圧に対しては，このように電圧を大きくできるような受動回路はない．このことが交流電圧によって電力を伝送する方が直流電圧によって電力を伝送するより有利であり，ウェスティングハウスの方式がエジソンの提案に勝った理由にもなっている．

同一電力を伝送しようとするとき，交流であると $P=\dfrac{1}{2}\mathcal{R}(E\dot{I})$ であるから $|E|$ が大きいほど $|I|$ は小さくてすむ．そうすると，電力伝送のための電線の抵抗による損失が $|I|^2$ に比例するから，オーム損は $|E|$ が大きいほど少なくなる．それで $|E|$ を自由に大きくできる交流の方が電力伝送に有利となるの

である.また極力 $|E|$ が大きいことが望ましいので超高圧電力伝送（0.33万V→7.7万V→15.4万V→27.5万V→50万V）が技術の進歩と共に進められているわけでもある.

3.4 整合回路

（1） 1章の直流回路のところで，与えられた直流電源から，最大の電力をとり出すための負荷抵抗やそのときの最大電力（固有電力）を述べた.

ここでは与えられた交流電源からとり出せる最大の電力について考えてみよう．図 3.16 のように電源振幅 E $(E(t)=Ee^{j\omega t})$，内部インピーダンスを $z(=r+jx)$，負荷インピーダンスを $Z(=R+jX)$ としよう.

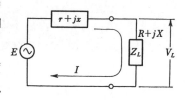

図 3.16

流れる電流 I は

$$I = \frac{E}{z+Z} = \frac{E}{(R+r)+j(X+x)} \tag{3.38}$$

である．負荷の両端の電圧 V_L は

$$V_L = Z_L I = (R+jX)I \tag{3.39}$$

したがって，負荷 Z_L に供給される平均電力 P は式 (2.95) から

$$P = \frac{1}{2}\mathcal{R}(V_L \dot{I}) = \frac{1}{2}\mathcal{R}\{(R+jX)|I|^2\}$$

$$= \frac{1}{2}|E|^2 \frac{R}{(R+r)^2+(X+x)^2} \tag{3.40}$$

この式から，ただちに

$$\left.\begin{array}{l} X=-x \\ R=r \end{array}\right\} \tag{3.41}$$

のときに P は最大 P_{max} となり

$$P_{max} = \frac{1}{8}\frac{|E|^2}{r} = \frac{1}{4}\frac{|E_e|^2}{r} \tag{3.42}$$

である．ここに $|E_e|$ は実効値で $|E|/\sqrt{2}$ である．この $Z=R+jX=r-jx$ は $z=r+jx$ の共役複素 $\bar{z}$ である．このことから，共役整合ともいう．

さて，次に問題を簡単にして $Z=R$, $z=r$ の場合で，しかし外部の状況から $R \not= r$ であるとしよう（図3.17）．そうすると直接，図3.17のように接続すると，条件式 (3.41) は満たされていないから，最大電力 $P_{\max}$ は負荷 R には供給されない．このとき供給される電力 P は式 (3.40) から

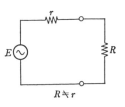

図 3.17

$$P = \frac{1}{2}|E|^2 \frac{R}{(R+r)^2}$$

である．$R/r = x$ とおくとき，図1.14 から $P/P_{\max}$ はわかる．仮りに $R/r = 100$ または $1/100$ とすると $P/P_{\max}$ は約 $1/100$ である．これでは負荷にわずかの電力しかこない．このような状況は，トランジスタの出力をスピーカに接続して，スピーカを鳴らし Hi-Fi を楽しむときにおきる．スピーカの負荷抵抗 R は数 Ω で，トランジスタの出力を電源と考えると，その内部抵抗は $100\,\Omega$ 程度である．このまま接続すると，せっかくのトランジスタの出力がスピーカに有効に入っていかない．

（2）そこで考えられるのが**整合回路**といわれているものである．種々の整合回路があるが，ここでは，さきほど述べた理想トランスを用いるものを述べておく．これは実際にも Output トランスという名でよばれて，多く使われている．*

図3.18のように R を直接には電源につながず，理想トランス（巻線 $N_1 : N_2$）を介して接続する．

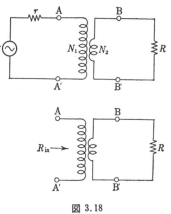

図 3.18

---

*現在は OTL (Out Trans Less) で出力のトランジスタの内部抵抗が $4\,\Omega$ 程度でスピーカと直接接続ができるようになっている．

すると，式 (3.34) から

$$R_{in} = \left(\frac{N_1}{N_2}\right)^2 R \qquad (3.43)$$

したがって，図3.19が得られる．図3.19で $R_{in}=r$ であると R_{in} には電源の固有電力が供給される．しかるに R_{in} は図3.18からRと理想トランスから組み立てられた回路の入力インピーダンスで，理想トランスは電力の消費はしないから，R_{in} に供給されたものは，Rに供給され，そ

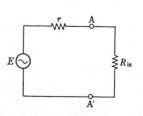

図 3.19

こで消費される以外には考えようがない．すなわち，式 (3.43) の R_{in} が r に等しくなるようにすると，R に電源の固有電力がすべて供給されることになる．したがって理想トランスの巻線比 N_1/N_2 を

$$\left(\frac{N_1}{N_2}\right)^2 R = r$$

すなわち

$$\frac{N_1}{N_2} = \sqrt{\frac{r}{R}} \qquad (3.44)$$

というように選べばよいことがわかる．

このように整合回路は重要な役を果たすものである．

3.5 ブリッジ回路

図3.20の回路を考えてみよう．これを**ブリッジ回路**という．⊘は検流計とよばれるもので，そこに電流が流れるとメータがふれるものである．ここでメータがふれないための条件を求めてみよう．

もし，メータがふれないとすると，回路を流れる電流は図3.20のようになる．また，接点AとBの電圧 V_{AB} は零である．

まず，I_1, I_2 は

$$I_1 = \frac{E}{Z_1 + Z_3} \qquad I_2 = \frac{E}{Z_2 + Z_4}$$

ところで A, B の電圧 V_A, V_B は

$$V_A = E - I_1 Z_1 = E - \frac{Z_1}{Z_1 + Z_3} E$$

$$V_B = E - I_2 Z_2 = E - \frac{Z_2}{Z_2 + Z_4} E$$

したがって

$$V_{AB} = V_A - V_B = \left(\frac{Z_2}{Z_2 + Z_4} - \frac{Z_1}{Z_1 + Z_3}\right) E$$

(3.45)

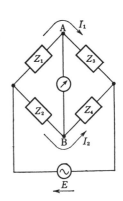

図 3.20

$V_{AB} = 0$ から

$$\frac{Z_2}{Z_2 + Z_4} = \frac{Z_1}{Z_1 + Z_3} \quad \text{すなわち}$$

$$Z_1 Z_4 = Z_2 Z_3 \tag{3.46}$$

たすきがけのインピーダンスの積が等しいことになる．これを平衡条件式という．

これから，仮りに Z_3 が未知であって，他が既知であるとすると，検流計のメータがふれないときには

$$Z_3 = \frac{Z_1 Z_4}{Z_2}$$

で Z_3 が測定できることになる．これをブリッジ回路とよんでいて，未知インピーダンスの測定によく用いている．

一例として図 3.21 の回路を示しておく．ここに R_s, C_s は標準可変抵抗，キャパシタであり，R_x, L_x が未知とする．

すなわち

$$Z_1 = R_1, \quad Z_3 = R_x + j\omega L_x,$$
$$Z_2 = R_s + \frac{1}{j\omega C_s}, \quad Z_4 = R_4$$

である．

これらを平衡条件式に入れると

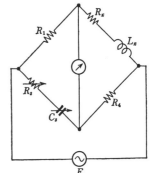

図 3.21

$$R_1 R_4 = (R_x + j\omega L_x)\left(R_s + \frac{1}{j\omega C_s}\right)$$

から

$$R_1 R_4 = R_x R_s + \frac{L_x}{C_s}$$

$$\omega L_x R_s = \frac{R_x}{\omega C_s}$$

となり，R_x, L_x について解くと

$$R_x = \frac{R_1 R_4 R_s \omega^2 C_s^2}{\omega^2 C_s^2 R_s^2 + 1} \tag{3.47}$$

$$L_x = \frac{R_1 R_4 C_s}{\omega^2 C_s^2 R_s^2 + 1} \tag{3.48}$$

となり，R_x, L_x が決定できる．

このブリッジ回路の測定は，零位法とよばれるものに属する（すなわち検流計の電流が零となることを用いている）もので，精度が高い．

検流計を使用するかわりに，受話器（イヤホーン）を用いて，人間の耳が400～1 000 Hz で最も感度がよいことにより，電源の周波数を 400 Hz～1 000 Hz として，受話器の音が最も小さくなったことをもって平衡状態に達したとすることも多い．$f = 1 000$ Hz で測定すると，未知インピーダンスの 1 000 Hz での値を測定したことにはなるが，他の周波数 f での値が知りたいときには当然電源周波数は f としなければならない．

これらのブリッジ回路は，まず直流回路のもの，すなわち $Z_1 = R_1$, ……, $Z_4 = R_4$ のときからはじまった．1830 年代のことである．

3.6 フィルタ

最後に簡単な**フィルタ回路**の例をあげておこう．

図 3.22 で，V_1 に対する V_2 の比 V_1/V_2 を求めてみよう．

図中の Z は

3.6 フィルタ

$$Z = j\omega L + \frac{R}{1+j\omega CR}$$
$$= \frac{R(1-\omega^2 CL)+j\omega L}{1+j\omega CR}$$

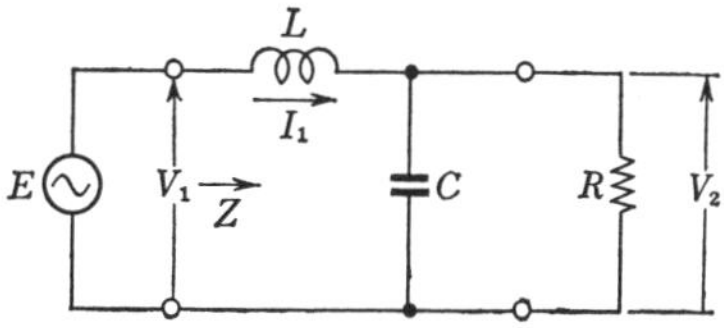

であるから，I_1, V_2 は

$$I_1 = \frac{V_1}{Z} = \frac{1+j\omega CR}{R(1-\omega^2 CL)+j\omega L} V_1$$

$$V_2 = V_1 - j\omega L I_1$$
$$= \left\{1 - \frac{j\omega L\{1+j\omega CR\}}{R(1-\omega^2 CL)+j\omega L}\right\} V_1$$

図 3.22

したがって，

$$\frac{V_2}{V_1} = \frac{R}{R(1-\omega^2 CL)+j\omega L} \tag{3.49}$$

$$\left|\frac{V_2}{V_1}\right|^2 = \frac{R^2}{\omega^4 R^2 C^2 L^2 + \omega^2(L^2 - 2R^2 CL) + R^2} \tag{3.50}$$

ここで

$$L = 2CR^2 \tag{3.51}$$

と選ぶと，

$$\left|\frac{V_2}{V_1}\right|^2 = \frac{1}{\omega^4 C^2 L^2 + 1} \tag{3.52}$$

ここで $\quad LC = \dfrac{1}{\omega_c{}^2} \tag{3.53}$

とおくと

$$\left|\frac{V_2}{V_1}\right| = \frac{1}{\sqrt{x^4+1}}$$

$$x = \frac{\omega}{\omega_c} = \frac{f}{f_c} \tag{3.54}$$

となる．これを図示すると図 3.23 のようになる．

この図から $|V_2|$ は $f=0$ のときに $|V_1|$ と等しく，f が高くなるにつれて，減少することがわかる．すなわち f が低いも

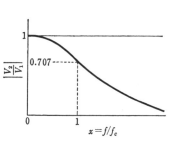

図 3.23

のほど負荷 R に電圧がでてくる．このような特性の回路を**低域通過形フィルタ**とよんでいる．

$f=f_c$ のときには $|V_2|=\dfrac{1}{\sqrt{2}}|V_1|$ となり，入力の 70.7% の電圧が出力となる．

この周波数を**遮断周波数**とよぶ．

フィルタの設計としては f_c と R が与えられたときの L と C とを定めるということになるが，それは式 (3.51), (3.53) から

$$L=\frac{R}{\sqrt{2}\pi f_c} \tag{3.55}$$

$$C=\frac{1}{2\sqrt{2}\pi f_c R} \tag{3.56}$$

図 3.22 では L を一つ，C を一つ，すなわち LC を 1 組用いているが，これを n 組用いると

$$\left|\frac{V_2}{V_1}\right|=\frac{1}{\sqrt{x^{4n}+1}} \tag{3.57}$$

のような特性が得られる．式 (3.57) のような x の関数の $|V_2/V_1|$ を **Maximally Flat** という．n を大きくすると，図 3.24 のように特性がかわってきて，$x=1$ を境にして特性の変化が急峻となる．

また，図 3.25 の回路では，同図中の特性になり**高域通過フィルタ**という．

また，図 3.26, 図 3.27 は，それぞれ**帯域通過フィルタ，帯域阻止フィルタ**とよばれている．

これらは電気通信の伝送回路として広く使用されているものである．

これらフィルタ理論は 1920 年代から電

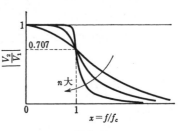

図 3.24

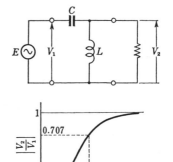

図 3.25

気通信の進展とともに進んできたものである．

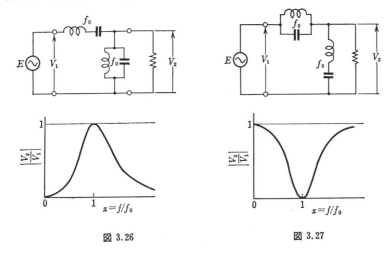

図 3.26　　　　　図 3.27

問　　題

（1）抵抗とインダクタンスの直列回路のインピーダンスが $5+j8$ 〔Ω〕である．これに電流が $25-j10$ 〔A〕流れている．
電源電圧は何〔V〕か．

（2）ある回路に $E=30+j40$ 〔V〕の電圧を加えたとき，$I=2+j1.5$ 〔A〕の電流が流れた．
この回路のインピーダンス，アドミタンスおよびこの回路で消費される電力を求めよ．

図 3.28

（3）図 3.28 の回路でスイッチ S を a，および b に閉じたときの電圧計 V の読みをそれぞれ V_L，V_R とする．
$V_L=V_R$ となるように R の値を定めたとき，コイルのリアクタンス X，r，R 間に成立する式を求めよ．

（4）図 3.29 の回路はラジオ，テレビでアンテナから増幅器までに挿入されている回路である．
これは直列共振回路かそれとも並列共振回路か．

（5）ラジオ用の可変コンデンサ（バリコンという）と

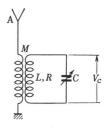

図 3.29

して $C=40\sim400\,\mathrm{pF}$ の範囲で変化できるものがあるとする．これを用いて共振回路を作るとき，最低共振周波数を $530\,\mathrm{kHz}$ にするためには，インダクタンス L の値をいくらにすべきか．またその L のとき，最高の共振周波数はいくらとなるか．

(6) 図3.30の回路で，L，R および電源の周波数 f は一定とし，C が可変であるとする．次の問に答えよ．

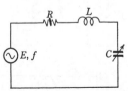

図 3.30

(i) 容量 C がいくらのとき周波数 f で共振するか．

(ii) 共振時の電流 I_r および C の両端の電圧 V_C はいくらか．

(iii) L の両端の電圧 V_L が最大となる C はいくらか．

(iv) C の両端の電圧 V_C が最大となる C はいくらか．これを C_0 とする．

(v) I/I_r が $1/\sqrt{2}$ となる C の値を C_1，C_2 ($C_2>C_1$) とする．コイルの $Q=\dfrac{\omega L}{R}$ は，ほぼ次の式で与えられることを示せ．

$$Q=\frac{2C_0}{C_2-C_1}$$

(7) 図3.31の並列共振回路において次の問に答えよ．

(i) AA' 間のインピーダンス Z を求め，その大きさは

$$\omega_0 \fallingdotseq \frac{1}{\sqrt{LC}}$$

で最大となり，その値は

$$Z_0 \fallingdotseq \frac{L}{CR}=Q^2R \quad \text{となることを示せ．}$$

ここに $Q=\dfrac{\omega_0 L}{R}$ とする．

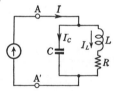

図 3.31

(ii) $\omega=\omega_0$ において，I_L と I_C とを求め，I と比較してみよ．$Q\gg 1$ とすると $|I_L|=|I_C|=Q|I|$ となることを示せ．

(8) L，C，R の直列回路に $2\,\mathrm{V}$ の電圧をかけ，電流の周波数特性を測定したところ図3.32のようになった．

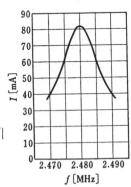

図 3.32

L, C, R の値はいくらであったか.

(9) 図3.33は，コイルの共振時のQの値を測定するための，Qメータといわれる装置の基本回路である．L，Rはコイルの等価回路である．Aは熱電対形電流計，Vは電圧計(内部抵抗はきわめて大きい)である．可変容量Cの値を変化させて電圧計Vの読みの最大値V_mと，電流計Aの読みIとの比をとれば，コイルLのQが求まることを示せ．ただしrの値はRの値に比し十分小さいとする.

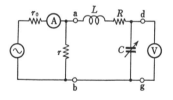

図 3.33

(10) 図3.34の回路で$E=20\,\mathrm{V}$, $f=600\,\mathrm{Hz}$, $Z_1=5+j3\,[\Omega]$, $Z_2=8-j4\,[\Omega]$, $L_1=2\,\mathrm{mH}$, $L_2=3\,\mathrm{mH}$, $M=2\,\mathrm{mH}$ とする．
 (i) スイッチが開いているときのVと
 (ii) スイッチが閉じているときのVを求めよ．

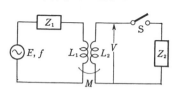

図 3.34

(11) 電源の内部抵抗が$810\,\Omega$ である．負荷が$10\,\Omega$であるとしたとき，整合のために理想トランスを用いた場合と，直接に接続した場合との負荷に供給される電力比を計算せよ．

(12) 図3.35のブリッジ回路において，平衡条件式からC_xとR_xとを求める公式を導け．

(13) 図3.36のブリッジ回路の平衡条件からC_x，R_xを求めよ．
また，図中で，C, C_x がインダクタンスL, L_x におきかえられたとするとき，L_xとR_xとを求めよ．

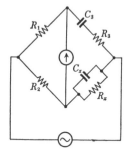

図 3.35

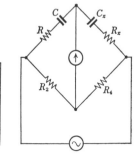

図 3.36

(14) 図3.37の回路で$L=\dfrac{4R}{\omega_c}$, $C=\dfrac{2}{\omega_c R}$とするときのV/Eを求めよ．
High Pass Filter となることを確かめよ．

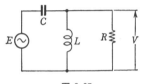

図 3.37

(15) 図 3.38 に示す回路において，電圧 V_2 の大きさは電圧 E の大きさと同じで位相が θ だけ遅れ，同時に，電流 I_2 の大きさは電流 I_1 の大きさと同じで位相が θ だけ遅れる，というようにするには，L, C の値をいくらに選べばよいか（これが π 形移相器の原理である）．

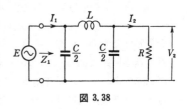

図 3.38

(16) 図 3.39 の回路で，電圧 V_2 の大きさは電圧 E の大きさに等しく，位相は θ だけ遅れ，同時に，電流 I_2 の大きさは電流 I_1 の大きさと等しく位相が θ だけ遅れる，というようにするには，L, C の値をいくらに選べばよいか（これは T 形移相器の原理である）．

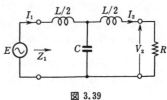

図 3.39

第4章

一般回路の定理

ここでは具体的な回路ではなく,一般の交流回路についての定理をいくつか説明することにする.

4.1 重 ね の 理

1章の直流回路で重ねの理について,電源が直流の場合に説明をしておいたが,重ねの理の根本は系(回路)の動作を表わす方程式が線形であることによるものであるから,電源が交流であろうともまた一般の波形であろうとも成り立つものである.

これをまとめて述べると次のようになる.

線形回路(非線形素子を含まない回路)で,初期の条件が零(キャパシタンスにたまっている電荷やインダクタンスに流れている電流等が0ということ)であれば,多数の電源(波形は一般的なものでも,正弦波交流でも,周波数や初位相が異なっていても)によって生じる各部の電圧や電流は,各電源がそれぞれ単独に存在する場合の電流または電圧の総和に等しい.ただし,一つの電圧源または電流源について考えるときには,他の電圧源は短絡,電流源は開放とする.

この考えを発展させて証明される定理が多い(以後にでてくる鳳-テブナンの定理もそうである).発展させるというのは,実際に回路中にある電源が $(E_1, E_2, \cdots\cdots, E_n, 0, I_1, I_2, \cdots\cdots, I_m) = (\boldsymbol{E}, 0, \boldsymbol{I})$ であったとするとき,これを一つ一つに分けるというよりも,これに新たに $0 = E_u + (-E_u)$ の

関係で0を E_u と $-E_u$ に分解し,電源を二つに,すなわち $(E_1, E_2, \ldots, E_n, E_u, I_1, I_2, \ldots, I_m)=(\boldsymbol{E}, E_u, \boldsymbol{I})$ と $(0, 0, \ldots, 0, -E_u, 0, 0, \ldots, 0)=(\boldsymbol{0}, -E_u, \boldsymbol{0})$ とに分けて*,原因 $(\boldsymbol{E}, 0, \boldsymbol{I})$ に対する結果 R は原因 $(\boldsymbol{E}, E_u, \boldsymbol{I})$,$(\boldsymbol{0}, -E_u, \boldsymbol{0})$ の結果 R_1, R_2 の和

$$R=R_1+R_2 \tag{4.1}$$

であるということである.これが成り立つことはすぐにわかるであろう.

この考え方の非凡なところは

$$0=E_u+(-E_u) \tag{4.2}$$

と何もないという0を,二つあるがそれが打ち消し合っているとするところである.われわれは式 (4.2) の右辺から左辺には式の変形ができるが,左辺から右辺の変形はにがてである.ここがみそである.

もう一つの方法は,式の上ではただ上式の変形である次のようなものである.

原因 $(0, 0, \ldots, 0, -E_u, 0, 0, \ldots, 0)=(\boldsymbol{0}, -E_u, \boldsymbol{0})$ の結果が R_2 とすると,原因 $(0, 0, \ldots, 0, E_u, 0, 0, \ldots, 0)=(\boldsymbol{0}, E_u, \boldsymbol{0})$ の結果 R_3 は,

$$R_3=-R_2 \tag{4.3}$$

であるから,原因 $(\boldsymbol{E}, 0, \boldsymbol{I})$ の結果は,原因 $(\boldsymbol{E}, E_u, \boldsymbol{I})$ と $(\boldsymbol{0}, E_u, \boldsymbol{0})$ の結果 R_1, R_3 とによって

$$R=R_1-R_3(=R_1+R_2) \tag{4.4}$$

とも表わせるということである.

具体例については 1.4 と同じであるからここでは別に加えない.後の鳳-テブナンの定理と補償の定理を,この後半で述べた方法で証明することにする.

4.2 鳳-テブナンの定理

(1) まず定理をのべておこう.

---

* $(E_1, E_2, \ldots, E_n, E_u, I_1, I_2, \ldots, I_m)+(0, 0, \ldots, 0, -E_u, 0, 0, \ldots, 0)=(E_1, E_2, \ldots, E_n, 0, I_1, I_2, \ldots, I_m)$

回路の任意の2点AA'間にインピーダンスZを接続したときに，Zに流れる電流Iは，Zを接続するまえに2点AA'間に出ていた電圧（開放電圧）E_0と回路中の電圧源を短絡し，電流源を開放して2点AA'から回路を見こんだインピーダンスZ_0から

$$I = \frac{E_0}{Z+Z_0} \tag{4.5}$$

として計算できる．またZの電圧Vは

$$V = IZ = \frac{ZE_0}{Z+Z_0} \tag{4.6}$$

である．

図4.1(a) に示すのが回路とE_0とZ_0である．また(b)に示すのが2点AA'にZを接続した場合の回路で，このときの電流Iが求めるものである．

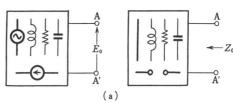

回路中には電源があるので，(a)では端子AA'間に電圧E_0が現われている．

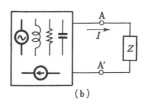

さて，ここで$I=E_0/Z$とはならない．それは(a)では，端子AA'に何も接続されていない（開放とよぶ）から(a)では$I=0$である．このときの電圧がE_0で，(b)

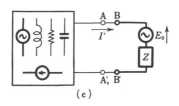

図4.1

のようにZをAA'に接続すると，Iが流れるので$I=0$でなくなり，AA'の端子電圧がもはやE_0という保証はない．

そこで，AA'にZだけを接続するのではなく，図4.1(c)に示すように，Zと電源E_0（大きさは開放電圧と同じ）を直列にしたものを接続してみるので

ある．このとき，接続する前の状態で AA′ と BB′ とは電圧が共に E_0 であるから，接続しても電流の流れが生じることはない．

したがって，図中の I' は

$$I'=0 \tag{4.7}$$

である．

そうすると図 4.1 (c) では電源が回路中にある (E, I) とここで加えた E_0 であるから，全体では電源（原因）が (E, E_0, I) となる．

この原因 (E, E_0, I) に対してのA点を通過して流れる電流（結果）$I'(=0)$ は，前の重ねの理から，原因が

の，結果 　　　$(E, 0, I),$ 　　$(0, E_0, 0)$
　　　　　　　　$\downarrow$ 　　　　$\downarrow$
　　　　　　　　I_1 　　　　　I_2

の I_1 と I_2 の和となる．

$$I'=I_1+I_2 \tag{4.8}$$

しかるに，原因 $(E, 0, I)$ は図 4.1 (b) で回路内部の電源のみによる電流 I_1 で，これがほしい I である．次に原因 $(0, E_0, 0)$ は，回路内部の電源を $E=0, I=0$ としたものに対応している．すなわち，電圧源は短絡，電流源は開放されている．そこで図 4.1 (a) のように AA′ から左を見たインピーダンスが定義される．それを Z_0 としているから，図 4.2 のようにおける．これから

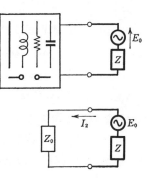

図 4.2

$$I_2=\frac{E_0}{Z+Z_0}$$

となる．

これらから，式 (4.7), (4.8) を用いると

$$I=I_1=-I_2$$

ここで，I_2 の方向を考えると，回路に入りこむ電流で，定義から，I は回路から流れ出る方向にとっているので，方向も考慮すると，

$$I = \frac{E_0}{Z+Z_0} \tag{4.5}$$

となることがわかる．

式 (4.5) を変形すると

$$\begin{aligned} E_0 &= IZ + IZ_0 \\ E_0 - IZ_0 &= IZ \end{aligned} \tag{4.9}$$

となる．

これをながめると，端子 AA′ から左の回路全体は，図 4.3 のように，一つの電源電圧 E_0 と内部インピーダンス Z_0 をもつ電源と見なせることがわかる．

このことは別の表現をすると，次のようになる．

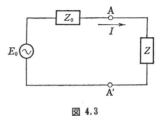

図 4.3

回路（内部に多数個の $e^{j\omega t}$（ω は共通）の形式の電圧源，電流源を含んでいてよい）の任意の2点 AA′ から回路を見こむと，それは，一つの電源（その電圧は E_0）と一つの内部インピーダンス Z_0 をもつものと等価である（図 4.4）．

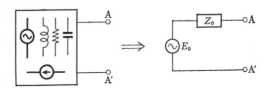

図 4.4

この意味から，この定理は**等価電圧源の定理**ともいわれている．

(2) さて，ここで注意すべきことは，この定理の文章中にもあるようにインピーダンスという言葉が用いられているから，インピーダンスが定義される波形の電源を扱っていることになり，したがって，電源波形は $e^{j\omega t}$（$\omega=0$ を含んで）の形式とならざるを得ないことである．もし $e^{j\omega_1 t}$, $e^{j\omega_2 t}$, ……と ω

の異なる電源が回路中に含まれているときには，以上の定理が一つの ω_i に対するものであることをよく認識して，各 $\omega_i (i=1, 2, \cdots\cdots)$ に対応して $I(\omega_i)$ を求め（このときは当然 E_0, Z, Z_0 も一般的に ω の関数である）最終的には $\sum_{i=1}^{\infty} I(\omega_i)$ とすべきである．これは重ねの理からわかるであろう．

（3）例を二つ示しておく．

（3-1）図 4.5 に示す回路で，R で消費される電力を最大にするには R をいくらにしたらよいか．

この問題をキルヒホッフの法則を用いて R に流れる電流を求めてから解いてももちろんよいが，次のように鳳-テブナンの定理を用いると簡単に解ける．図 4.5 の AA′ から左側の回路は図 4.6 のようになるはずである．

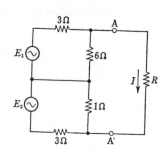

図 4.5

E_0 は R には無関係に定まる量である．

R_0 は E_1, E_2 を短絡した図 4.6 (b) の入力インピーダンスである．

とすると，同図 (c) のように変形でき

$$R_0 = \frac{3\times 6}{3+6} + \frac{1\times 3}{1+3} = 2.75 \ [\Omega]$$

となる．

したがって，図 4.7 に示す回路において R がいくらのときに電源（AA′ から左側）から最大の電力が R に供給されるかという問題に帰着する．この

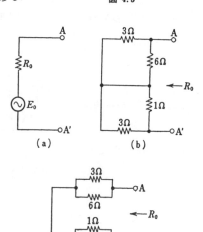

図 4.6

解は式 (1.24) から
$$R = R_0 = 2.75\,\Omega$$
となる．

このように鳳-テブナンを用いると簡単に解ける．

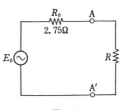

図 4.7

(3-2) 3章 (6) のフィルタで述べた図4.8の V_2/E を鳳-テブナンの定理を用いて求めよ．

AA′から左側を E_0 と Z_0 で表わすと

$$Z_0 = \frac{(j\omega L)\left(\frac{1}{j\omega C}\right)}{j\omega L + \frac{1}{j\omega C}} = \frac{j\omega L}{1-\omega^2 LC}$$

$$E_0 = \frac{\frac{1}{j\omega C}}{j\omega L + \frac{1}{j\omega C}} = \frac{E}{1-\omega^2 LC}$$

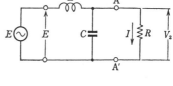

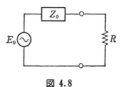

図 4.8

である．したがって，

$$V_2 = IR = \frac{E_0 R}{Z_0 + R} = \frac{R}{Z_0 + R} \cdot \frac{E}{1-\omega^2 LC}$$

すなわち，

$$\frac{V_2}{E} = \frac{R}{(1-\omega^2 LC)\left\{R + \frac{j\omega L}{1-\omega^2 LC}\right\}}$$

$$= \frac{R}{R(1-\omega^2 LC) + j\omega L}$$

これは前に求めた式 (3.49) と一致している．

4.3 ノートンの定理

(1) 鳳-テブナンの定理を等価電圧源の定理とも見なせると述べておいたが，この電圧源を電流源で次のようにおきかえることもできる．

図 4.9 で AA′ から左側と，BB′ から左側が等価であるというのは，それぞれの外部に同一の素子（そのインピーダンス Z，アドミタンス Y）を接続したときに同一の電圧が生じるもしくは同一の電流が流れるということである．

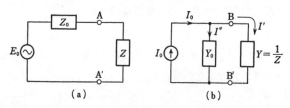

図 4.9

そこで，図 4.9(a) の Z に流れる電流 $I\left(=\dfrac{E_0}{Z+Z_0}\right)$ と同じ電流が (b) の $Y\left(=\dfrac{1}{Z}\right)$ に流れるように，I_0, Y_0 を決めることができるかどうかを調べ，それができれば両者は等価といえることになる．(b) で Y に流れる電流 I' は簡単に

$$I_0 = I' + I''$$
$$I'/Y = I''/Y_0 \quad \text{すなわち} \quad I'' = \dfrac{Y_0}{Y} I'$$

から

$$I' = \dfrac{Y}{Y+Y_0} I_0 \qquad (4.10)$$

ここで $Y=1/Z$ とすると

$$I' = \dfrac{I_0}{1+Y_0 Z} = \dfrac{(I_0/Y_0)}{(1/Y_0)+Z}$$

したがって，$Y_0 = \dfrac{1}{Z_0}$ および $I_0 = \dfrac{1}{Z_0} E_0$ とおくと

$$I' = \dfrac{\frac{1}{Z_0} E_0 \cdot Z_0}{Z_0 + Z} = \dfrac{E_0}{Z_0 + Z}$$

となり，両者が一致することになる．

すなわち，図 4.10 に示すよ

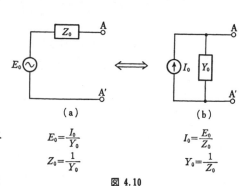

$E_0 = \dfrac{I_0}{Y_0}$ $I_0 = \dfrac{E_0}{Z_0}$

$Z_0 = \dfrac{1}{Y_0}$ $Y_0 = \dfrac{1}{Z_0}$

図 4.10

うに，両者は等価となる．この (b) の方を**等価電流源**という．

(2) さて，図 4.10 の (a) は，鳳-テブナンの定理にもどると，線形回路の任意の二つの端子 AA′ から回路を見こんだものでもある．そうすると，いま述べたことから AA′ から回路を見こんだものを (b) のように表現してもよいことになる．

この I_0 の意味は何かというと，式 (4.10) で $Y=\infty$，すなわち $Z=0$ としたとき，その Y に流れる電流であることになる．すなわち，I_0 は，図 4.11 で AA′ 間を短絡した図 4.12 の AA′ 間に流れる電流であることがわかる．Y_0 は Z_0 の逆数で，Z_0 については前に述べているからわかるであろう．

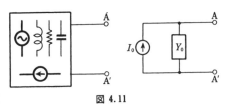

図 4.11

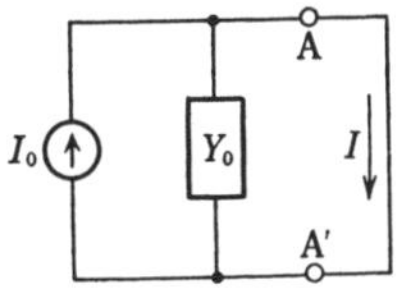

$I=I_0$
図 4.12

このことをまとめると次の定理がでてくる．

"線形回路の任意の 2 点 AA′ が短絡されたときに AA′ に流れる短絡電流を I_0 とする．これを開いて AA′ 間にアドミタンス Y を接続すると Y に流れる電流 I は

$$I = \frac{Y}{Y+Y_0} I_0 \tag{4.11}$$

AA′ 間の電圧 V は

$$V = \frac{I}{Y} = \frac{1}{Y+Y_0} I_0 \tag{4.12}$$

となる．ただし Y_0 は，回路中のすべての電圧源を短絡し，電流源を開放して AA′ から回路を見こむアドミタンスである．"

この定理を**ノートンの定理**という．

鳳-テブナンの定理のなかで述べた注意事項はノートンの定理でも成り立つ．それは，定理中にアドミタンスという量が入っており，それが定義される波形の電源に関しての定理であるべきだからである．

4.4 補償の定理

(1) 重ねの理を上手に用いたもう一つの定理として，**補償の定理**がある．

ある回路があり，回路の中の電流 I_1, I_2, ……, $I_n(=I)$ がわかっているものとしよう．

そのとき回路の中のある枝のインピーダンスを Z としておく．

ここで，Z 以外のインピーダンスはそのままの値に保っておいて Z だけを $Z+\Delta Z$，すなわち ΔZ だけ変化させる．そうすると回路のすべての枝の電流も当然変化する（$I_1'=I_1+\Delta I_1, I_2'=I_2+\Delta I_2$, ……, $I_m'=I_n+\Delta I_n$, $I'=I+\Delta I$)．そのとき，再びキルヒホッフの法則を使って，全電流 I_1', I_2', ……, I_n' を求めてもよいが，もう少し利口な方法はないであろうか．この問題に対する解答が補償の定理である．電流はたとえば I_1 から I_1' に変わるであろうが，そのときの変化分 $\Delta I_1=(I_1'-I_1)$ がわかれば $I_1'=I_1+\Delta I_1$ として I_1' が求められる．

この補償の定理は ΔI_1, ΔI_2, ……, ΔI_n の求め方に関するものである．ここで変化量には Δ をつけて ΔZ, ΔI_1, ……としたが，これは小さいという意味ではない．いくら $|\Delta Z|$ や $|\Delta I|$ が大きくてもよいことに注意しておく．

図 4.13 に示すように，インピーダンス Z のところに電流 I が流れているとしよう．ここで Z を $Z+\Delta Z$ と変化させると，全回路中の電流値が変わってしまう．鳳-テブナンの定理の証明のときと同様に考えられないであろうか（そのときは，インピーダンス Z だけを AA'（図 4.1 参照）に直接接続するのではなく，Z と電源 E_0 との直列を接続して，図 4.1 の (a) の系の状態を乱さないよう

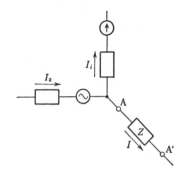

図 4.13

にしたのである．その後に重ねの理を用いたのである）．

ここでは図4.14に示したように，ΔZではなく，ΔZと電圧源$\Delta V=\Delta Z\cdot I$を直列にしたBB′を考える．BB′をZの枝に挿入してみよう（この電流Iはわかっている量）．

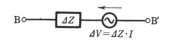
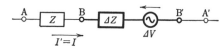

図 4.14

挿入前のAA′の電圧は

$$V_{AA'}=ZI \tag{4.13}$$

である．

挿入後に電流がIからI'に変わったとすると挿入後のAA′間の電位$V'_{AA'}$は

$$V'_{AA'}=ZI'+\Delta ZI'-\Delta V=ZI'+\Delta ZI'-(\Delta Z\cdot I) \tag{4.14}$$

ここで間違えてはならないのは電源ΔVは挿入前に流れていた電流IとΔZの積ですでに決められた大きさをもっていることであり，I'とは無関係である．

もしこの$V'_{AA'}$が式 (4.13) の$V_{AA'}$と同一であれば，この回路の他の部分には何ら変化をもたらさない．というのはAA′間の電圧は変化しないのであるから．

式 (4.13)，式 (4.14) から$I'=I$であれば，$V_{AA'}=V'_{AA'}$である．したがって，逆にいうと，挿入後も枝AA′に流れる電流Iは不変であり，回路の各電流$I_1, I_2, \ldots\ldots, I_n$に全然変化は生じないことになる．

次に図4.15の挿入後の回路を考えてみよう．回路中には電源（まとめてSと書こう）がΔV以外に当然

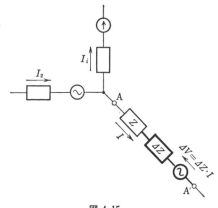

図 4.15

ある.

図 4.15 の回路では電源は $(S+\varDelta V)$ である.

さて，問題の設定から，AA′ の枝のインピーダンスが Z，原因 S のときの電流が $I_1, I_2, \cdots\cdots, I_n$（まとめて I）で，かついま述べたことから，AA′ の枝のインピーダンスが $Z+\varDelta Z$ で，原因が $(S+\varDelta V)$ のときの電流も I である.求めるものは原因が S で，AA′ の枝のインピーダンスが $Z+\varDelta Z$ のときの結果である.

	AA′	原因	結果
(ⅰ)	$Z+\varDelta Z$	$S+\varDelta V$	$I_1, I_2, \cdots\cdots, I_n$
(ⅱ)	Z	S	$I_1, I_2, \cdots\cdots, I_n$
(ⅲ)	$Z+\varDelta Z$	S	$I_1', I_2', \cdots\cdots, I_n'$

とすると上の（ⅰ），（ⅱ），（ⅲ）から（ⅰ）の原因を S と $\varDelta V$ に分けることに気がつく．すなわち，

AA′	原因	結果
$Z+\varDelta Z$	S	$I_1', I_2', \cdots\cdots, I_n'$
$Z+\varDelta Z$	$\varDelta V$	$\varDelta I_1, \varDelta I_2, \cdots\cdots, \varDelta I_n$
$Z+\varDelta Z$	$S+\varDelta V$	$I_1, I_2, \cdots\cdots, I_n$
Z	S	$I_1, I_2, \cdots\cdots, I_n$

ところで，$I_1, I_2, \cdots\cdots, I_n$ はわかっている量であるから，あとは $\varDelta I_1, \varDelta I_2, \cdots\cdots, \varDelta I_n$ がわかればよいことになる.

したがって，

AA′	原因	結果
$Z+\varDelta Z$	$\varDelta V(=\varDelta ZI)$	$\varDelta I_1, \varDelta I_2, \cdots\cdots, \varDelta I_n$

を考えればよいことになる．これは，$S=0$ としたことに相当するから，AA′ 以外の枝の電圧源を短絡し，電流源を開放すれば実現できる．すなわち，図 4.16 の回路において各枝に流れる電流を求めると，それが $\varDelta I_1, \varDelta I_2, \cdots\cdots, \varDelta I_n$（その正の方向は $I_1, I_2, \cdots\cdots, I_n$ の正の方向と一致している）である.

以上を定理として述べると

4.4 補償の定理

"線形回路中のある枝のインピーダンスに電流 I が流れていたとする.他の枝のインピーダンスを不変にして,Z だけを $Z+\Delta Z$ と ΔZ だけ変化させると,当然回路の全枝の電流の値は変化する.この変化量は,$Z+\Delta Z$ に直列に $\Delta V=\Delta Z\cdot I$(方向は I の流れていた方向と逆を ΔV の正とする)の電源を接続し,他の電圧源は短絡,電流源は開放したときに各枝に流れる電流値である."

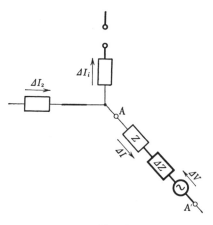

図 4.16

(2) 簡単な例をあげて,この補償の定理の使い方をつかんでもらおう.

例 (2-1) 図 4.17 (a) でまず電流値を求めると

$$I_1=\frac{40}{7},\ I_2=\frac{10}{7},\ I=\frac{30}{7}$$

である.次に図 4.18 (b) のように 1Ω を 2Ω にかえたとしよう.とすると $\Delta Z=2-1=1$,$\Delta V=1\times\frac{30}{7}=\frac{30}{7}$ である.このときの ΔI_1,ΔI_2,ΔI は定理から (c) の回路での電流を求めればよい.

したがって,

$$\Delta I_1=-\frac{90}{77},\ \Delta I_2=\frac{30}{77},$$

$$\Delta I=-\frac{120}{77}$$

これから

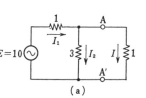

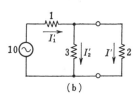

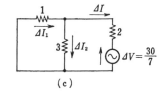

図 4.17

$$I_1' = I_1 + \Delta I_1 = \frac{40}{7} - \frac{90}{77} = \frac{350}{77} = \frac{50}{11}$$

$$I_2' = I_2 + \Delta I_2 = \frac{10}{7} + \frac{30}{77} = \frac{140}{77} = \frac{20}{11}$$

$$I' = I + \Delta I = \frac{30}{7} - \frac{120}{77} = \frac{210}{77} = \frac{30}{11}$$

となる．

直接 (b) で解くと，以上と同じ値となることがわかる．

4.5　可逆の理

図 4.18 (a) において端子 AA′ に電圧源 E_A（電流源 I_A）をおき，BB′ を短絡してそこに流れる電流 I_B'（BB′ を開放にしてその両端の電圧 $V_{BB'}$）を求めてみよう．キルヒホッフの法則を用いると次のようになる．

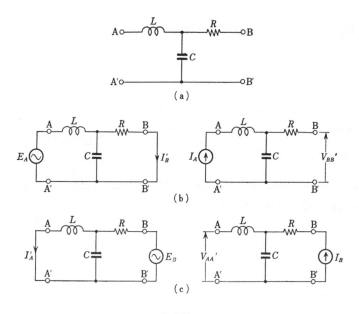

図 4.18

4.5 可逆の理

$$I_{B'} = \frac{E_A}{j\omega L + \dfrac{R}{1+j\omega CR}} \cdot \frac{\dfrac{1}{j\omega C}}{R + \dfrac{1}{j\omega C}}$$

$$= \frac{E_A}{R(1-\omega^2 CL) + j\omega L} \quad (4.15)$$

$$V_{BB'} = \frac{I_A}{j\omega C} \quad (4.16)$$

次に図 4.18 で端子 BB′ に電圧源 E_B(電流源 I_B)をおき,AA′ を短絡して,そこに流れる電流 $I_{A'}$(AA′ を開放してその両端の電圧 $V_{AA'}$)を求めてみよう.同様にすると

$$I_{A'} = \frac{E_B}{R + \dfrac{j\omega L}{1-\omega^2 CL}} \cdot \frac{\dfrac{1}{j\omega C}}{j\omega L + \dfrac{1}{j\omega C}}$$

$$= \frac{E_B}{R(1-\omega^2 CL) + j\omega L} \quad (4.17)$$

$$V_{AA'} = \frac{I_B}{j\omega C} \quad (4.18)$$

ここで $\dfrac{I_{B'}}{E_A}$, $\dfrac{I_{A'}}{E_B}$ を比較すると,式 (4.15), (4.17) から

$$\frac{I_{B'}}{E_A} = \frac{I_{A'}}{E_B} \quad (4.19)$$

となる.また $E_A = E_B$ とすると $I_{B'} = I_{A'}$ である.

ここで $\dfrac{V_{BB'}}{I_A}$, $\dfrac{V_{AA'}}{I_B}$ を比較すると,式 (4.16), (4.18) から

$$\frac{V_{BB'}}{I_A} = \frac{V_{AA'}}{I_B} \quad (4.20)$$

となる.また $I_A = I_B$ とすると $V_{BB'} = V_{AA'}$ である.

上記の電圧源(電流源)に対して短絡電流(開放電圧)を考えるということを念頭におくと,以上は,AA′ に原因を加えて BB′ に出る結果は BB′ に同じ原因を加えたときに AA′ にでる結果と同一である,とまとめられる.

この性質は,回路(端子 AA′ から端子 BB′)がもっと一般的なものでも L, C, R, M を素子とする回路であれば(内部に電源を含まない),保存されるもので,**可逆(相反)定理**とよばれている.$E_A(I_A)$ のもとに $I_{B'}(V_{BB'})$ を求めたいときに,電源のおき場所を AA′ から BB′ にかえて,$I_{A'}(V_{AA'})$ を求めてもよいということであるから,計算のしやすい方を選んで計算すればよいことになる.

逆もまた可なりということで可逆の理ということになる．相反だとあい反するということになり，この定理の意味に反するので，著者は可逆の方がよいと考えている．

自然現象の中に，この可逆性を示すものがたくさんある．たとえばA点からB点が見通せるのであれば，B点からA点を見通せるとか……．自然現象からこの可逆性を抽出したのである．

4.6 双 対 の 理

（1） 電気回路の問題は，究極のところ，回路中の電圧と電流の関係を調べることにある．

線形回路では，これまでみてきたように，電圧と電流は数学的には1次式で表わされている．たとえば，オームの法則は

$$E = RI \tag{4.21}$$

$$I = \frac{1}{R}E \tag{4.22}$$

である．式 (4.21)，(4.22) は同一の内容をもっているが，ニュアンスが少し異なる．式 (4.21) では抵抗 R に電流が流れると電圧 E が抵抗の両端に発生する．一方，式 (4.22) は抵抗 R の両端に電圧 E があると，電流 I が流れるということになろう．すなわち，原因と結果の把握の仕方が式 (4.21)，式 (4.22) では異なる．すなわち，起きている電気現象は一つのものであるが，その取り扱い方に式 (4.21) と式 (4.22) とではニュアンスの違いがあるということになる．数学の変数 x と関数値 y との関係も，それが比例していると $y = Ax$ であるが，それを変形して $x = \frac{1}{A}y$ とすると y が変数で x が関数値ともなり得る．

また，式 (4.21)，(4.22) を

$$\frac{E}{I} = R \tag{4.23}$$

$$\frac{I}{E} = \frac{1}{R} = G \tag{4.24}$$

4.6 双対の理

と表わすこともできる．ここで式 (4.23) と式 (4.24) とで対称性をはっきりと示すためには，$1/R$ よりも G の方がよい．

オームの法則に限らず，これまでの例でこのような関係にあるものが多くあった．すなわち，一つの式 (A) において E と I とを $E \to I$, $I \to E$ というように書きかえると，書きかえてできた式 (B) を満たすようなものが別に存在していた．例をあげるが，このような関係を互いに**双対**といっている．

キルヒホッフの第1法則 $\sum I_i = 0$	キルヒホッフの第2法則 $\sum E_i = 0$*
インピーダンス $Z = \dfrac{V}{I}$	アドミタンス $Y = \dfrac{I}{V}$
直列接続 $Z = \sum Z_i$ $\dfrac{1}{Y} = \sum \dfrac{1}{Y_i}$	並列接続 $Y = \sum Y_i$ $\dfrac{1}{Z} = \sum \dfrac{1}{Z_i}$

一般に二つの回路 N_1, N_2 があって，N_1 の回路で

$$E = f(I) \tag{4.25}$$

の関係があるとするとき，N_2 の回路では

$$I = f(E) \tag{4.26}$$

が成り立っていると，N_1 と N_2 とは互いに**双対な回路**という．

ただし，式 (4.25) の関数 f 中の Z_i, Y_j を $Z_i \to Y_i$, $Y_j \to Z_j$ とおきかえたものが式 (4.26) の f である．

この例を示そう．

(2) 図 4.10 の電圧源と電流源をもう一度かかげて図 4.19 としよう．

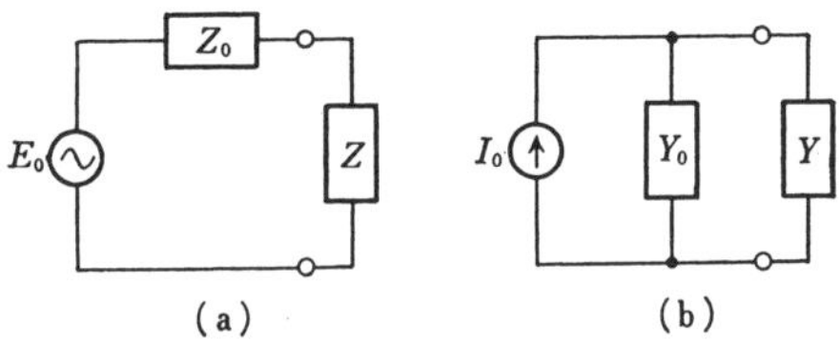

(a) では

$$I = \dfrac{1}{Z_0 + Z} \times E_0 \tag{4.27}$$

図 4.19

---

*インピーダンス Z に電流 I が流れたときに生じる逆起電力 $E = -ZI$ も E_i の中に含めている．

(b) では

$$E = \frac{1}{Y_0 + Y} \times I_0 \qquad (4.28)$$

であるから,双対の条件を満たしている.

また,図4.20に示す回路も双対である.この場合のEとIの関係を求めると,

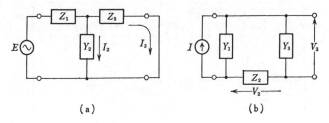

図 4.20

まず (a) では

$$I_2 = \frac{Y_2 Z_3}{Z_1 + Z_3 + Z_1 Y_2 Z_3} E \qquad (4.29)$$

$$I_3 = \frac{1}{Z_1 + Z_3 + Z_1 Y_2 Z_3} E \qquad (4.30)$$

(b) では

$$V_2 = \frac{Z_2 Y_3}{Y_1 + Y_3 + Y_1 Z_2 Y_3} I \qquad (4.31)$$

$$V_3 = \frac{1}{Y_1 + Y_3 + Y_1 Z_2 Y_3} I \qquad (4.32)$$

で,式 (4.29) と (4.31),式 (4.30) と (4.32) の関係がそれぞれ式 (4.25),(4.26) の関係になっていることがわかる.

表以外の双対の関係にあるものをあげておこう.

　　　　　電圧⟷電流

　　　　　開放⟷短絡

　　　　　電圧源⟷電流源

　　　　　抵抗⟷コンダクタンス

4.6 双対の理

インダクタンス⟷キャパシタンス
鳳-テブナンの定理⟷ノートンの定理

（3） 電気回路では，このように双対な関係にあるものが見出されるので，たとえば，ある回路形式で定理が存在したとするときには，その双対回路においても類似の定理が存在することが予測できることになる．

たとえば，鳳-テブナンの定理とノートンの定理はその関係にある．

一つの現象やよい回路が見出されたとき，この双対性を使って，それと双対関係の他の現象や他の回路を考えてみるということが発明，発見の一つの方法だといわれている．

たとえば，エルステッドが電流から（電流を流したのは電池の電圧）磁界が生じることを1820年に発見したが，この双対現象とみなされるものが，ファラデーの発見した磁界（磁束の時間変化）から電圧を誘導するという電磁誘導作用である．これは1831年のことで，その間11年たっている．これは前者がまず直流で見出されたのであるが，後者は直流では生じない現象で，時間的変化のある磁界ではじめて生じる現象であるから，その発見に時間がかかったのかもしれない．

（4） 双対を述べた関係上，もう一つ発明，発見の方法といわれているものを述べておく．

それは**類推**といわれるものである．

電気回路の構成素子 R, L, C の電圧 v，電流 i に関する記述式と，機械運動学での抵抗 r_m，バネ定数 C_m（コンプライアンス），質量 m という量の力 f と速度 u に対する記述式とを比較してみると

$$v=iR \qquad f=r_m u$$

$$v=L\frac{di}{dt} \qquad f=m\frac{du}{dt}$$

$$i=C\frac{dv}{dt} \qquad u=C_m\frac{df}{dt}$$

$$\left(v = \frac{1}{C}\int i\,dt\right) \qquad \left(f = \frac{1}{C_m}\int u\,dt\right)$$

となっている．電気回路の電圧，電流と機械系の力と速度とでは，物理現象としては全く別ものであるが，それを記述する方程式自身は，上に見るように全く同一形式である．すなわち，$v \to f$, $i \to u$, $R \to r_m$, $L \to m$, $C \to C_m$ または逆に $f \to v$, $u \to i$, $r_m \to R$, $m \to L$, $C_m \to C$ とおきかえると，一方から他方の方程式が得られる．

このことは機械系の運動を電気回路中での電圧，電流で解いてもよいことを意味する．

たとえば，

$$m\frac{du}{dt} + r_m u = f$$

という力学系の問題があったとき，

$$L\frac{di}{dt} + Ri = v$$

を解けば，それから $i \to u$, $v \to f$, $L \to m$, $R \to r_m$ と変数，変量変換をすればよいことになる．

このように異なった二つの系において，変数，変量のおきかえによって同一の方程式となるとき，二つの系は類推関係にあるという．類推関係にあるものは一方をよく知っていれば，他方のことが直ちにわかることになる．これは数式上でのことであって，物理現象的な理解に達するまでにはある程度の慣れを必要とするであろう．

以上の類推は，著者の考えでは**低級類推**である．

高級類推とは，一つの系では現象がちゃんと数式化されているが，他の系では現象の数式化がいまだなされていないときに，これまで体系化された系との間に類推を求める方法をいう．

たとえば，帯電物体間に力が作用するという現象に対して，クーロンが，それまでに体系化されていた2物体間に力が作用する場合の法則，いわゆるニュートンの万有引力の法則に類推を求めて，

$$f \propto \frac{Q_1 Q_2}{r^2}$$

という定式化を提案したというものである．ニュートンの万有引力が1687年で，クーロンの法則は1785年である．

4.7 逆回路

（1） これからは定理ではないが，交流回路の一般的な理論として知っておいた方がよいものについて，少しふれておく．まず**逆回路**について説明する．

図4.21の(a)，(b)のインピーダンス Z_1，Z_2 を求めてみると

$$Z_1 = r + j\left(\omega L - \frac{1}{\omega C}\right) \tag{4.33}$$

$$Z_2 = \cfrac{1}{\cfrac{1}{r'} + j\left(\omega C' - \cfrac{1}{\omega L'}\right)} \tag{4.34}$$

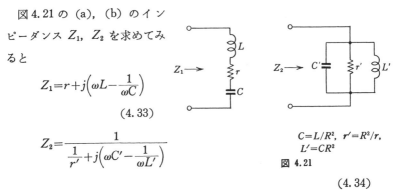

$C = L/R^2,\ r' = R^2/r,$
$L' = CR^2$

図 4.21

ここで

$$r' = R^2/r,\ C' = L/R^2,\ L' = CR^2$$

の関係があるとして，これらを式(4.34)に代入すると，

$$Z_2 = R^2 \frac{1}{r + j\left(\omega L - \dfrac{1}{\omega C}\right)} = R^2 \frac{1}{Z_1}$$

すなわち，

$$Z_1 Z_2 = R^2 \tag{4.35}$$

の関係がある．

Z_1，Z_2 共に周波数によってかわるインピーダンスであるが，両者の積 $Z_1 \cdot Z_2$ は R^2 で周波数に関係なしに一定であるということを意味している．

一般に二つのインピーダンス Z_1 と Z_2 があり，それらが式 (4.35) を満たすとき，Z_1 と Z_2 とは R に関して逆回路であるとよんでいる．

図 4.22 はお互いに逆回路の関係にあることが容易にわかるであろう．

式 (4.35) から

$$Z_2 = \frac{R^2}{Z_1} = R^2 Y_1 \qquad (4.36)$$

とも書ける．したがって，Z_2 は Y_1 と比例関係にあることになる．

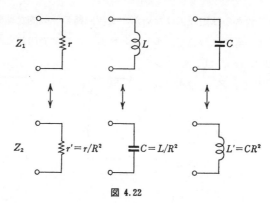

図 4.22

Z_1 から Y_1 を作るのは，前に述べた双対回路を作ることに相当する*．したがって，接続の双対関係から，Z_1 においての直列（並列）を並列（直列）にし，かつ $L \rightarrow C$，$R \rightarrow G$，$C \rightarrow L$ にすればよい．

そのようにして $Y_1 [\mho]$ をつくり，Y_1 を R^2（数値）倍すれば Z_2 となるのである．

（2） 図 4.23 に一例を示しておく．(a) において Z_1 は

$$Z_1 = \frac{r + j\omega L}{1 + j\omega C(r + j\omega L)} \quad [\Omega] \qquad (4.37)$$

---

*ここで $Y_1 = \dfrac{1}{Z_1}$ であると，Y_1 の次元は $[\mho]$ となるが，実は R が $[\Omega]$ の単位であり，数値 R と $[\Omega]$ に分けて考えて，$[\Omega]^2 Y_1 \cdot R^2$ (数値)^2 と取り扱うと $Y_1 \times [\Omega]^2$ は Y_1 の数値で，次元は $[\Omega]$ となることになる．したがって，上で Z_1 から Y_1 を作ると書いたが，詳しく書くと，$Z_1 [\Omega]$ から $Y_1 [\Omega]$ の回路，すなわち，インピーダンスが $Y_1 [\Omega]$ となる回路を作ることになる．

4.7 逆回路

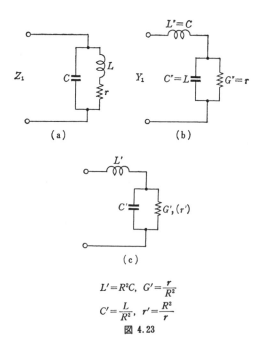

$$L' = R^2 C, \quad G' = \frac{r}{R^2}$$
$$C' = \frac{L}{R^2}, \quad r' = \frac{R^2}{r}$$

図 4.23

この逆数は

$$\frac{1}{Z_1} = \frac{1+j\omega C(r+j\omega L)}{r+j\omega L} = j\omega C + \frac{1}{r+j\omega L} \quad [\mho]$$

ここで $C \to L''$, $L \to C''$, $r \to G''$ と数値的におきかえると

$$Y_1 = j\omega L'' + \frac{1}{G'' + j\omega C''} \quad [\Omega] \tag{4.38}$$

となる. 式 (4.38) の右辺がインピーダンスとなる回路は (b) となる. これが $Y_1 [\Omega]$ (Y_1 をインピーダンス(的)に組み立てるのである) である. この Y_1 に R^2 (数値) をかけると Z_2 であるから

$$Z_2 = R^2 Y_1 = j\omega (L'' R^2) + \frac{1}{\dfrac{G''}{R^2} + j\omega \left(\dfrac{C''}{R^2}\right)} \quad [\Omega] \tag{4.39}$$

したがって Z_2 は図 4.23 (c) のようになる.

以上の方法をまとめると Z_1 において

（i）　直列接続は並列接続に ｝ なおす．
　　　並列接続は直列接続に

（ii）　抵抗 r は抵抗 $\dfrac{R^2}{r}$ $\left(\text{コンダクタンス}\ \dfrac{r}{R^2}\right)$ に

　　　インダクタンス L はキャパシタンス $\left(\dfrac{L}{R^2}\right)$ に ｝ なおす．

　　　キャパシタンス C はインダクタンス CR^2 に

そうしてできた回路のインピーダンスが Z_2 で $Z_2 = \dfrac{R^2}{Z_1}$, すなわち Z_1 の R に関する逆回路になる．

4.8 定抵抗回路

抵抗だけから構成されている回路のインピーダンスは抵抗であることは当然である．

ところで，L や C の素子を含んでいる回路ではあるが，インピーダンス Z が抵抗分だけしかもたない回路は考えられないであろうか．

このような回路は次に示すように存在する．これを**定抵抗回路**という．図 4.24 の回路 (a), (b) で

$$Z_1 \cdot Z_2 = R^2 \qquad (4.40)$$

すなわち，Z_1 と Z_2 とが R に関して逆回路であると Z は

$$Z = R \qquad (4.41)$$

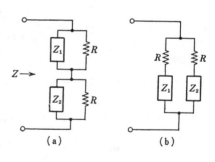

図 4.24

になり，定抵抗回路であることがわかる．

(a) について

$$Z = \frac{RZ_1}{R+Z_1} + \frac{RZ_2}{R+Z_2} = \frac{R^2(Z_1+Z_2)+2RZ_1Z_2}{R^2+Z_1Z_2+R(Z_1+Z_2)}$$

ここで式 (4.39) を用いると

4.8 定抵抗回路

$$Z = R$$

同様に (b) については

$$Z = \frac{(Z_1+R)(Z_2+R)}{(Z_1+R)+(Z_2+R)} = \frac{Z_1Z_2+R^2+R(Z_1+Z_2)}{Z_1+Z_2+2R} = R$$

ここで図 4.24 (b) において

$$Z_1 = j\omega L_0 \qquad (4.42)$$

$$Z_2 = \frac{1}{j\omega C_0} \qquad (4.43)$$

で，$Z_1 \cdot Z_2 = \dfrac{L_0}{C_0} = R^2$ を満たすように L_0, C_0 を選んでいるとする．上に述べたことから，定抵抗回路である．そこで，これを図 4.25 のように書き改めてみる．端子 AA′ に電源 E を加え，周波数 f を変えてみよう．E は一定とする．そうすると AA′ から見こんだインピーダンス $Z=R$ であるから，これは周波数で変化しないが＊，f が低いと（Ⅰ）の方に（Ⅱ）よりも電流が流れやすい（L_0 と C_0 の働きを考えてみると，それらのインピーダンスが $j\omega L_0$, $\dfrac{1}{j\omega C_0}$ であるからである）．f が高くなると（Ⅱ）の方に（Ⅰ）よりも電流が流れやすくなる．

しかるにAから流入する $I(=I_1+I_2)$ は $I=\dfrac{E}{R}$ で一定である．

図 4.24 の形式ではないが，図 4.26 も

$$L_1/C_1 = 2R^2$$

と選ぶと定抵抗回路となる．この回路を変形すると，フィルタのところで述べた

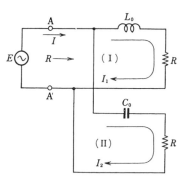

図 4.25

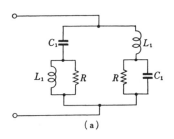

(a)

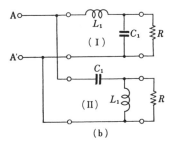

(b)

図 4.26

＊R の周波数特性はなく，一定のものと考えておく．

ことから（Ⅰ）は低域通過フィルタで，（Ⅱ）は高域通過フィルタであることがわかる．低い周波数は（Ⅰ），高い周波数は（Ⅱ）の回路を通りやすい．このように，低い周波数成分と高い周波数成分とを別の回路に導く性質をもつ回路の構成に定抵抗回路の考えは利用されている．Hi-Fi のアンプでスピーカ系を 2 way にするときなどに用いられていて，図 4.25 や図 4.26 は**分波回路**ともよばれている．

4.9 定電流回路と定電圧回路

数学的理想電圧源，数学的理想電流源については前に述べたが，広い周波数にわたってこのような性質の電源は現実には存在しない．近似的にはトランジスタ等で，ある程度の振幅までの電流 I，電圧 E に対しては，上のようなものはある．

しかるに，図 4.27 (a), (b) や図 4.28 (a), (b) の回路はポイント周波数においてであるが，負荷の値 Z に無関係の電流が流れるか（前者），または電圧が生じる（後者）．これらを**定電流回路**, **定電圧回路**とよんでいる．ただし，電源 E や I は数学的電圧源，電流源であるとする．

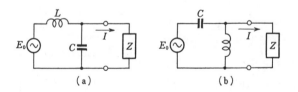

図 4.27

図 4.27 (a) で I を求めると

$$I = \frac{E_0}{j\omega L + \dfrac{Z}{1+j\omega CZ}} \cdot \frac{\dfrac{1}{j\omega C}}{Z + \dfrac{1}{j\omega C}} = \frac{E_0}{(1-\omega^2 LC)Z + j\omega L}$$

で，この値が Z に無関係になる条件は

$$1-\omega^2 LC=0 \tag{4.44}$$

である．このとき電流Iは

$$I=\frac{E_0}{j\omega L}=-j\omega C \tag{4.45}$$

である．式 (4.44) の条件から $f_0=\dfrac{1}{2\pi\sqrt{LC}}$ の周波数においてのみ，以上のようなことがいえる．図 4.28 (a) についても同様に計算すると

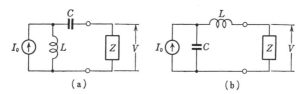

図 4.28

$$V=\frac{I_0}{\dfrac{1}{j\omega L}+\dfrac{j\omega C}{1+j\omega CZ}}\cdot\frac{Z}{Z+\dfrac{1}{j\omega C}}=\frac{-\omega^2 LCZI_0}{(1-\omega^2 LC)+j\omega CZ}$$

となり，ここで V が Z に無関係になる条件を求めると $1-\omega^2 LC=0$ であることがわかる．したがって，$f_0=\dfrac{1}{2\pi\sqrt{LC}}$ のときにのみ

$$V=j\omega_0 LI_0=-j\omega_0 CI_0 \tag{4.46}$$

の電圧が Z にかかることになる．

図 4.27 (b)，図 4.28 (b) についても同様にできる．

4.10 Y-Δ 変 換

図 4.29 に示すように三つの端子 A, B, C がある回路 (a) と (b) を考えよう．回路の形状から (a) を Y (スター) 結線，(b) を Δ (デルタ) 結線とよぶ．

この回路は 3 相交流電力送電等によくでてくるものである．

このとき，両者の (Z_A, Z_B, Z_C) と (Z_{AB}, Z_{BC}, Z_{CA}) にある関係が存在

すると，(a)，(b) は等価となる．この等価の意味は，Y結線の三つの端子に流れる電流がΔ結線の対応する端子に流れる電流に等しく，Y結線の各端子間の電圧がΔ結線の対応端子間の電圧に等しいということである．

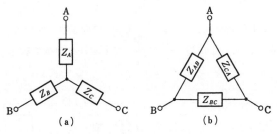

図 4.29

端子 AB, BC, CA からみた各インピーダンスを Y, Δ の回路について求め，それらが等しいことが等価のための条件となる．

$$\text{AB 間} \quad Z_A + Z_B = \frac{Z_{AB}(Z_{BC} + Z_{CA})}{Z_{AB} + Z_{BC} + Z_{CA}} \quad (4.47)$$

$$\text{BC 間} \quad Z_B + Z_C = \frac{Z_{BC}(Z_{CA} + Z_{AB})}{Z_{AB} + Z_{BC} + Z_{CA}} \quad (4.48)$$

$$\text{CA 間} \quad Z_C + Z_A = \frac{Z_{CA}(Z_{AB} + Z_{BC})}{Z_{AB} + Z_{BC} + Z_{CA}} \quad (4.49)$$

この三つの式の辺々の和をつくり，2で割ると

$$Z_A + Z_B + Z_C = \frac{Z_{AB}Z_{BC} + Z_{BC}Z_{CA} + Z_{CA}Z_{AB}}{Z_{AB} + Z_{BC} + Z_{CA}} \quad (4.50)$$

式 (4.50) と式 (4.47), (4.48), (4.49) の辺々の差から

$$\left. \begin{array}{l} Z_A = \dfrac{Z_{AB}Z_{CA}}{Z_{AB} + Z_{BC} + Z_{CA}} \\[2mm] Z_B = \dfrac{Z_{BC}Z_{AB}}{Z_{AB} + Z_{BC} + Z_{CA}} \\[2mm] Z_C = \dfrac{Z_{CA}Z_{BC}}{Z_{AB} + Z_{BC} + Z_{CA}} \end{array} \right\} \quad (4.51)$$

が等価のための関係式となる．

この式 (4.51) は Δ→Y の変換公式である．

式 (4.51) から，次に $Z_AZ_B+Z_BZ_C+Z_CZ_A$ を求めて，Z_{AB}, Z_{BC}, Z_{CA} を求める式をつくると

$$Z_{AB}=\frac{Z_AZ_B+Z_BZ_C+Z_CZ_A}{Z_C} \\ Z_{BC}=\frac{Z_AZ_B+Z_BZ_C+Z_CZ_A}{Z_A} \\ Z_{CA}=\frac{Z_AZ_B+Z_BZ_C+Z_CZ_A}{Z_B} \Bigg\} \quad (4.52)$$

となる．これが Y→Δ の変換公式である．

式 (4.51), (4.52) で A, B, C のはいり具合をながめると規則性があり，おぼえやすいものである．

3相交流電源が Y(Δ) 結線で，負荷の方が Δ (Y) 結線の場合などに，負荷を上記の式 (4.51)(式 (4.52)) を用いて Δ→Y (Y→Δ) とし，電源の結線と同一にすると，問題を解くときなどに便利である．1899年にこの Δ→Y 変換が発表された．

問　題

(1) 等価電源定理によると図4.30 (a), (b) の AA′ から左は等価である．しかし，電源の内部抵抗 (4Ω) に流れる電流は 2A, 1A で異なる．この辺の事情を説明せよ．

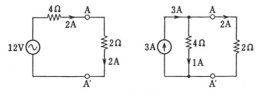

図 4.30

(2) 図4.31 に示すように内部に電源を含んだ回路 N_1, N_2 がある．端子 AA′ 間に E_1, BB′ 間に E_2 の開放電圧が現われている．それぞれの入力インピーダンスが Z_1, Z_2 であるとする．端子 A と B, A′ と B′ とを接続すれば，この端子にどんな電流が流れるか．

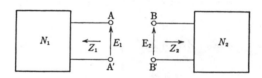

図 4.31

（3） 図 4.32 の回路において端子 AA′ 間の電圧は 1V である．次に AA′ 間を短絡するといくらの電流が流れるか．

（4） 図 4.33 の回路で，R_1 の値を半分の 15Ω にしたら R_2 に流れる電流が 5A だけ減った．R_1 の値を半分にする前に R_1 に流れていた電流はいくらか．

（5） 図 4.34 の回路で $R=1\text{k}\Omega$ のとき電流 I は 5mA であった．

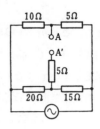

図 4.32

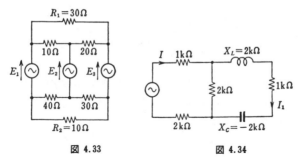

図 4.33   図 4.34

（i） R の代わりに 1kΩ のリアクタンスにおきかえた場合
（ii） R の代わりに短絡した場合
について I の値は，はじめの値からいかほど変わるか．

（6） インダクタンス L に図 4.35 に示すような電圧が加わったときに流れる電流を求めよ．次に双対の理を用いて，これと双対の問題について説明せよ．

（7） 図 4.36 (a)，(b) の R に関する逆回路を求めよ．

（8） 図 4.37 (a)，(b) の回路のインピーダンスが，周波数に無関係に一定となる（定抵抗）条件を求めよ．

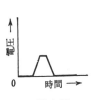
図 4.35

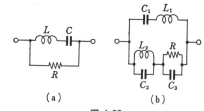
(a) （b）
図 4.36

(9) 図4.38のAA'端のE_1は10Vであったとする．E_0は何〔V〕か．

(10) 図4.39に示すように，端子AA'間には，電圧源E_iとアドミタンスY_iとの直列回路が多数並列に接続されて

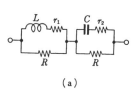
(a)

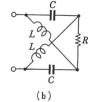
(b)

図 4.37

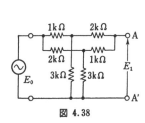
図 4.38

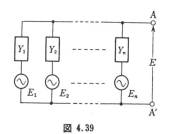
図 4.39

いる．このときAA'間の電圧Eは次式で与えられることを示せ（帆足-ミルマンの定理という）．

$$E = \frac{E_1 Y_1 + E_2 Y_2 + \cdots\cdots + E_n Y_n}{Y_1 + Y_2 + \cdots\cdots + Y_n}$$

第5章

周期波（正弦波以外の）の取り扱い

2, 3, 4章で正弦波交流回路のことを学んできた．

この章では時間に対して，$-\infty < t < \infty$ で，周期 T をもつ周期波，すなわち，

$$f(t+T) = f(t) \qquad (5.1)$$
$$-\infty < t < \infty$$

であるが，$f(t)$ が正弦波関数ではない場合の種々の問題について説明することにする．0章で示しておいたように，実際われわれが扱う波形は，$t \geqq 0$ で値をもつ（Switch を on したときを $t=0$ とする）ものであるが（非正弦波周期関数の場合でも同様である），その取り扱い方法の基本を学ぶためには式 (5.1) の取り扱いを知ることが必要で，かつ十分なのである．

また，非常によい近似で，$t \geqq 0$ で存在する電源 $E(t)$ に対する応答を，t が大きいところで知りたいときは，$-\infty < t \leqq 0$ でも $E(t)$ の値があったとしてその応答を求めてもよいのである．

5.1 非正弦波周期波形とフーリエ級数

非正弦波周期波とは周期波ではあるが正弦波ではない波形である．非正弦波周期波がどうして発生するかについては，電源として意識的に発生させる場合と，電源は正弦波であるが，回路中に非線形素子があるために非正弦波が仕方なしに発生してしまう場合とがある．

前者の例としてはテレビで，電子ビームをブラウン管上を走査させるために

用いる，図5.1のようなものがある．

後者は，図5.2に示すような特性をもつダイオードを用いて，図5.3の回路を作るような場合である．この場合，回路を流れる電流 $i(t)$ は $e(t) < 0$ では流れないから図5.3のように周期波であるが，正弦波ではなくなる．

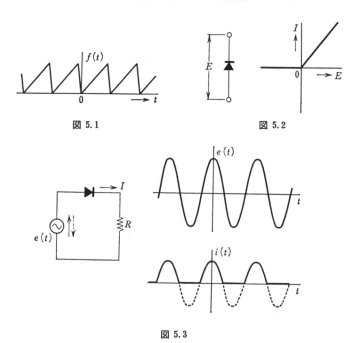

図 5.1　　図 5.2

図 5.3

（1）　数学の方に，フーリエが1811年に考え出した**フーリエ級数**というものがあるが，この数学を用いると非正弦波周期波形 $f(t)$ は，多くの正弦波の和で表現されることがわかる．むずかしいことは別にすると，次のように述べられるであろう．

図5.4のように，周期 T をもつ波形 $e(t)$ は，$f = \dfrac{1}{T}$, $\omega = 2\pi f = \dfrac{2\pi}{T}$ とすると

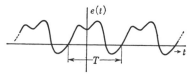

図 5.4

$$e(t) = a_0 + a_1 \cos \omega t + b_1 \sin \omega t + a_2 \cos 2\omega t + b_2 \sin 2\omega t$$

$$+ \cdots\cdots + a_n \cos n\omega t + b_n \sin n\omega t + \cdots\cdots \qquad (5.2)$$

と表わされる.

ここに

$$a_0 = \frac{1}{T}\int_0^T e(t)\,dt \qquad (5.3)$$

$$a_n = \frac{2}{T}\int_0^T e(t)\cos n\omega t\,dt \quad (n=1,\ 2,\ \cdots\cdots) \qquad (5.4)$$

$$b_n = \frac{2}{T}\int_0^T e(t)\sin n\omega t\,dt \quad (n=1,\ 2,\ \cdots\cdots) \qquad (5.5)$$

である. a_0, a_n, b_n ($n=1,\ 2,\ \cdots\cdots$) を**フーリエ係数**といい，式 (5.2) を $e(t)$ の**フーリエ級数展開**という.

式 (5.2) のように $e(t)$ が展開できると仮定すると，フーリエ係数が式 (5.3), (5.4), (5.5) となることは簡単である. そのためには次のことを必要とする.

$$\int_0^T \cos n\omega t \cos m\omega t\,dt = \begin{cases} \dfrac{T}{2} & (n=m) \\ 0 & (n\neq m) \end{cases} \qquad (5.6)$$

$$\int_0^T \sin n\omega t \sin m\omega t\,dt = \begin{cases} \dfrac{T}{2} & (n=m) \\ 0 & (n\neq m) \end{cases} \qquad (5.7)$$

$$\int_0^T \sin n\omega t \cos m\omega t\,dt = 0 \qquad (5.8)$$

これらの関係は，三角関数の公式

$$\cos\alpha\cos\beta = \frac{1}{2}(\cos(\alpha-\beta)+\cos(\alpha+\beta))$$

$$\sin\alpha\sin\beta = \frac{1}{2}(\cos(\alpha-\beta)-\cos(\alpha+\beta))$$

$$\sin\alpha\cos\beta = \frac{1}{2}(\sin(\alpha+\beta)+\sin(\alpha-\beta))$$

を用いると，簡単にわかる.

そこで，まず a_0 を求める.

式 (5.2) の両辺を直接 t について 0 から T まで積分すると

5.1 非正弦波周期波形とフーリエ級数

$$\int_0^T \cos n\omega t\, dt = 0 = \int_0^T \sin n\omega t\, dt \quad (n=1, 2, \cdots\cdots)$$

であるから,

$$\int_0^T e(t)\, dt = \int_0^T a_0\, dt = a_0 T$$

したがって，式 (5.3) が導かれる．

次に a_n を求めるために式 (5.2) の両辺に $\cos n\omega t$ をかけて，t について 0 から T まで積分すると式 (5.6), (5.8) を用いて

$$\int_0^T e(t) \cos n\omega t\, dt = a_n \int_0^T \cos^2 n\omega t\, dt = a_n \frac{T}{2}$$

したがって，式 (5.4) が導かれる．

同様に b_n を求めると，式 (5.7), (5.8) を用いて

$$\int_0^T e(t) \sin n\omega t\, dt = b_n \int_0^T \sin^2 n\omega t\, dt$$

から式 (5.5) が導かれる．

これらの係数を求めるときに，時間の原点 t を適当にえらべる場合には，$e(t)$ に次のような性質があると，係数 a_n, b_n のどちらかを 0 にできて便利である．

(ⅰ) $e(t)$ が奇関数になる場合は,
 $a_0=0$, $a_n=0$ すなわち
$$e(t) = b_1 \sin \omega t + b_2 \sin 2\omega t + \cdots\cdots \tag{5.9}$$

となる．

(ⅱ) $e(t)$ が偶関数になる場合は,
 $b_n=0$ すなわち
$$e(t) = a_0 + a_1 \cos \omega t + a_2 \cos 2\omega t + \cdots\cdots \tag{5.10}$$

(2) 式 (5.2) で
$a_1 \cos \omega t + b_1 \sin \omega t,$
$a_2 \cos 2\omega t + b_2 \sin 2\omega t,$
……………………

と，同じ角周波数の sine と cosine との和を作ると，三角関数の公式を用いて，

$$e(t) = a_0 + \sqrt{a_1^2 + b_1^2}\cos(\omega t - \theta_1) + \sqrt{a_2^2 + b_2^2}\cos(2\omega t - \theta_2)$$
$$+ \cdots\cdots + \sqrt{a_n^2 + b_n^2}\cos(n\omega t - \theta_n) + \cdots\cdots \quad (5.11)$$

ただし，$\quad \theta_1 = \tan^{-1}\dfrac{b_1}{a_1}, \cdots\cdots, \theta_n = \tan^{-1}\dfrac{b_n}{a_n}$ \quad (5.12)

（3）もう一つ別の表現がある．それは，式 (5.2) に，式 (2.9)，(2.10) の公式，すなわち，$\cos n\omega t$，$\sin n\omega t$ を $e^{jn\omega t}$ と $e^{-jn\omega t}$ を用いて表わし，それらを代入して得られるものである．そうすると，

$$e(t) = a_0 + \frac{1}{2}(a_1 - jb_1)e^{j\omega t} + \frac{1}{2}(a_2 - jb_2)e^{j2\omega t} + \cdots\cdots$$
$$+ \frac{1}{2}(a_1 + jb_1)e^{-j\omega t} + \frac{1}{2}(a_2 + jb_2)e^{-j2\omega t} + \cdots\cdots$$

ここで $\quad c_n = \dfrac{1}{2}(a_n - jb_n) \qquad c_{-n} = \dfrac{1}{2}(a_n + jb_n)$

とおくと，

$$e(t) = \sum_{n=-\infty}^{\infty} c_n e^{jn\omega t} \quad (5.13)$$

となる．

c_n は a_n，b_n がわかっているから，それを用いても計算できるが，直接式 (5.13) の両辺に $e^{-jn\omega t}$ をかけて t について 0 から T まで積分すると，

$$c_n = \frac{1}{T}\int_0^T e(t)e^{-jn\omega t}dt \quad (5.14)$$

と求められる．

この c_n は式 (5.14) の一つの式から導かれるので，a_0, a_n, b_n のように三つの式から導かれるものより，記憶はしやすい．

式 (5.13) の形式が電気回路を計算するときに便利なのは，右辺がすべて $e^{jn\omega t}$ の複素交流で表現されているからである．

次節で計算例を示そう．

ここで周期Tと同じ周期をもつものは $\cos\omega t$, $\sin\omega t$ または $e^{j\omega t}$ であり,これらを**基本波**とよぶ.他の $\cos n\omega t$, $\sin n\omega t$, $e^{jn\omega t}$ の周期 T_n は

$$T_n = \frac{T}{n} \tag{5.15}$$

である.すなわち,周波数が基本波の f の n 倍となっている.これらの波を総称して**高調波**とよんでいる.

$e(t)$ が $0 \leq t < T$ でどんな変化をしていようとも,$e(t)$ は周期 T で決まる角周波数 ω とその高調波成分によって表現できるというすばらしく簡単な結論が,フーリエ級数の偉大なところである.

(4) 図5.5に示す代表的な $e(t)$ に対するフーリエ級数をあげておく.

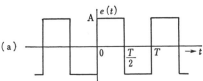
(a)

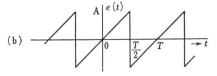
(b)

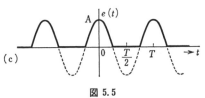
(c)

図 5.5

(4-1) (a) $e(t) = \dfrac{4}{\pi}A\left[\sin\omega t + \dfrac{1}{3}\sin 3\omega t + \dfrac{1}{5}\sin 5\omega t + \cdots\cdots\right]$
$$\tag{5.16}$$

$$a_0 = a_n = 0, \quad b_{2m-1} = \frac{4A}{\pi}\frac{1}{2m-1}, \quad b_{2m} = 0$$

(4-2) (b) $e(t) = \dfrac{2}{\pi}A\left[\sin\omega t - \dfrac{1}{2}\sin 2\omega t + \dfrac{1}{3}\sin 3\omega t - \cdots\cdots\right]$
$$\tag{5.17}$$

$$a_0 = a_n = 0, \quad b_n = -\frac{2}{\pi}\frac{(-1)^n}{n}A$$

(4-3) (c) $e(t) = \dfrac{A}{2}\cos\omega t + \dfrac{A}{\pi}\left(1 + \dfrac{2}{1\cdot 3}\cos 2\omega t - \dfrac{2}{3\cdot 5}\cos 4\omega t + \cdots\cdots\right)$
$$\tag{5.18}$$

$$a_0 = \frac{A}{\pi}, \quad a_1 = \frac{A}{2}, \quad a_{2m} = \frac{(-1)^m}{\pi} A \frac{(-2)}{(2m-1)(2m+1)},$$

$$a_{2m-1} = 0 \quad (m \neq 1)$$

$$b_n = 0$$

式 (5.16) の $e(t)$ を有限項で打ち切って，それらを求めてみると，図5.6のようになっている．

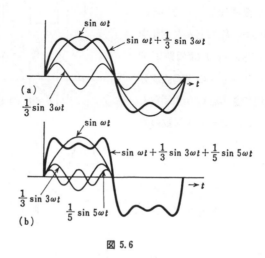

図 5.6

5.2 電気回路とフーリエ級数

（1） 図5.7に示す回路に非正弦波周期波 $e(t)$ が加わっているとしよう．$e(t)$ を式 (5.13) のフーリエ級数展開したとする．

$$e(t) = \sum_{n=-\infty}^{\infty} c_n e^{jn\omega t} \quad (5.19)$$

ただし

$$c_n = \frac{1}{T} \int_0^T e(t) e^{-jn\omega t} dt \quad (5.20)$$

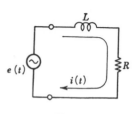

図 5.7

式 (5.19) の展開で $c_n e^{jn\omega t}$ は複素交流であるから，これを $E_n(t) = E_n e^{jn\omega t}$

と書くと，

$$e(t)=\sum_{n=-\infty}^{\infty} E_n(t)=\sum_{n=-\infty}^{\infty} E_n e^{jn\omega t} \qquad (5.21)$$

とも表わされる．この $e(t)$ が加わって流れる電流 $i(t)$ は，線形回路であれば重ねの理を用いて，$E_n(t)$ だけが加わっているときに流れる電流 $I_n(t)=I_n e^{jn\omega t}$ を求めて，それを加えればよい．すなわち，

$$i(t)=\sum_{n=-\infty}^{\infty} I_n(t)=\sum_{n=-\infty}^{\infty} I_n e^{jn\omega t} \qquad (5.22)$$

この過程を図 5.8 に示しておく．

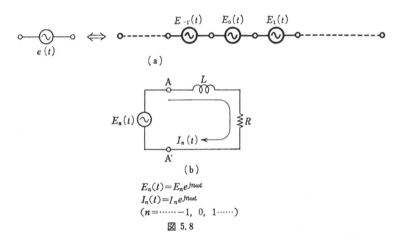

図 5.8

図 5.8 (b) は角周波数 $n\omega$ の複素交流電源だけが加わっている問題であるから，4章までに述べたことからわかっているはずである．AA′ から右を見たインピーダンス $Z=Z(n\omega)$ (これを角周波数が $n\omega$ であるということから $Z(n\omega)$ と書く) は

$$Z(n\omega)=R+j(n\omega)L \qquad (5.23)$$

したがって，

$$I_n=\frac{E_n}{Z(n\omega)}=\frac{E_n}{R+j(n\omega)L} \qquad (5.24)$$

$$I_n e^{jn\omega t}=\frac{E_n}{R+j(n\omega)L} e^{jn\omega t} \qquad (5.25)$$

となる．これを用いると式 (5.22) から

$$i(t)=\sum_{n=-\infty}^{\infty}\frac{E_n}{R+j(n\omega)L}e^{jn\omega t} \quad (5.26)$$

として $i(t)$ が求まる．

AA′ から見こむインピーダンス Z が角周波数によって異なることに注意しておけば，あとは重ねの理から求まるのである．

さて，ここで $e(t)$ は実数であるから，それによって流れる電流 $i(t)$ も実数である．しかるに，式 (5.26) で表わされる $i(t)$ は本当に実数であろうか．それを調べてみよう．

n と $-n$ とに対する $I_n(t)$, $I_{-n}(t)$ の和を作ろう．

$$J_n(t)=I_n(t)+I_{-n}(t)$$

$$=\frac{E_n}{R+j(n\omega)L}e^{jn\omega t}+\frac{E_{-n}}{R+j(-n\omega)L}e^{-jn\omega t} \quad (5.27)$$

式 (5.20) から，

$$E_n=c_n=\frac{1}{T}\int_0^T e(t)e^{-jn\omega t}dt$$

で，

$$E_{-n}=c_{-n}=\frac{1}{T}\int_0^T e(t)e^{jn\omega t}dt$$

であるから，E_{-n} は E_n の共役 $\overline{E_n}$ である．

そうすると，

$$\frac{E_{-n}}{R+j(-n\omega)L}e^{-jn\omega t}=\overline{\frac{E_n}{R+j(n\omega)L}e^{jn\omega t}} \quad (5.28)$$

となる．したがって，式 (5.27) から

$$J_n(t)=\frac{E_n}{R+j(n\omega)L}e^{jn\omega t}+\overline{\frac{E_n}{R+j(n\omega)L}e^{jn\omega t}} \quad (5.29)$$

複素数の性質から式 (5.29) の右辺は実数となる．

$$J_n(t)=2\mathcal{R}\left\{\frac{E_n}{R+j(n\omega)L}e^{jn\omega t}\right\} \quad (5.30)$$

そこで，

$$i(t)=\sum_{n=-\infty}^{\infty} I_n(t)=I_0(t)+\sum_{n=1}^{\infty} J_n(t)$$

で $i(t)$ は実数となっていることがわかる ($I_0(t)$ は直流成分であるから実数である).

より一般的な場合や, 図 5.9 (a) のような場合も, (b) の I_n が $I_n=\dfrac{E_n}{Z(n\omega)}$ として求められるから,

$$i(t)=\sum_{n=-\infty}^{\infty}\frac{E_n}{Z(n\omega)}e^{jn\omega t} \qquad (5.31)$$

とすればよいのである.

このように電流 $i(t)$ は, 重ねの理から交流 $e^{jn\omega t}$ のときの $I_n(t)$ を求めることにより, 容易に求まるわけである.

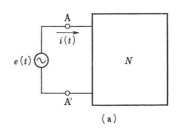

(a)

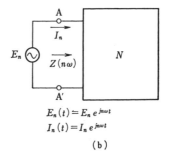

$E_n(t)\fallingdotseq E_n e^{jn\omega t}$
$I_n(t)=I_n e^{jn\omega t}$

(b)

図 5.9

(2) ところで, 平均電力 P については, 一般的には重ねの理が使えないので, $i(t)$ のときのように, $e(t)$ を分解して議論はできない. そこで, 定義にもどって求めてみよう.

$$e(t)=\sum_{n=-\infty}^{\infty} E_n e^{jn\omega t}, \quad i(t)=\sum_{m=-\infty}^{\infty} I_m e^{jm\omega t}$$

から, $p(t)=e(t)i(t)$ で, したがって,

$$P=\frac{1}{T}\int_0^T p(t)\,dt=\frac{1}{T}\int_0^T e(t)i(t)\,dt$$

となる.

これに上式 $e(t), i(t)$ を代入して P を求めると

$$P=\sum_{n=-\infty}^{\infty} E_{-n}I_n \qquad (5.32)$$

ところで, 式 (5.28) およびその 1 行上で述べたことから

$$E_{-n}=\overline{E_n}$$

である.

したがって,

$$P = \sum_{n=-\infty}^{\infty} \overline{E}_n I_n \qquad (5.33)$$

となる．これによると同じ n の $\overline{E}_n I_n$ の積であるから（ただし $n=-\infty$ から $+\infty$ に注意），平均電力 P は，回路の電源として $E_n(t)$ だけがあるときの平均電力 $P_n = \overline{E}_n I_n$ の和と表現されている．すなわち，平均電力については重ねの理がこの場合特別に成り立っているといえることになる．

問　題

（1）図5.10の回路において，R は非直線素子である．その端子電圧 v, 電流 i は
$$i = Av + Bv^2$$
のような関係にしたがっているという．いま，直流電圧 E と直列に加えられる電圧 e が

（1）$e = E_m \sin pt$ の場合

（2）$e = E_1 \sin \omega_1 t + E_2 \sin \omega_2 t$ の場合
における電流 i の直流分，交流分を求めよ．

（2）図5.11の波形のフーリエ級数を求めよ．

（3）図5.12において（a），（b）のフーリエ級数を求めよ．

　　（a），（b）ともに直接でなく，工夫をして求めよ．

（4）図5.13に示すような波形（パルス波形）のフーリエ係数を求めたのち，横軸に各高調波の周波数，縦軸にその振幅をとってグラフを描け（このグラフを周波数スペクトラムという）．

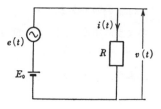

図 5.10

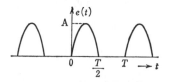

図 5.11

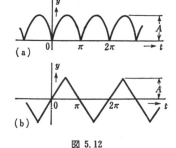

図 5.12

（5） R と C との並列回路に $e(t)=E_m(\cos\omega t+k\cos 3\omega t)$ の電源を加えたときに，流れる全電流の ω, 3ω の角周波数の振幅の比を求めよ．

（6） 図 5.14 の $L=50\,\mathrm{mH}$, $C=0.1\,\mu\mathrm{F}$, $R=20\,\Omega$ の直列回路に，図の方形波電圧 $E=2\,\mathrm{V}$ をかけた．

$T=1.3\,\mathrm{msec}$ および $T=1\,\mathrm{msec}$ とするときの R の両端の電圧波形 v を描け．

（7） 図 5.15 の回路で $R=100\,\mathrm{k\Omega}$, $L=800\,\mu\mathrm{H}$, また $500\,\mathrm{kHz}$ でのコイルの $Q_0=150$ とする．

C の値を，$500\,\mathrm{kHz}$ に LC 回路が共振するように決めたとすると，図の電源 $e(t)$ によって，C の両端に発生する電圧の $500\,\mathrm{kHz}$ 成分の大きさはいくらか．ただし，$E=10\,\mathrm{V}$, $T=10\,\mu\mathrm{sec}$, $\tau=2.5\,\mu\mathrm{sec}$ とする．

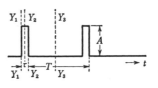

図 5.13

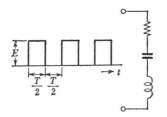

図 5.14

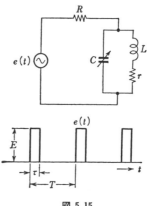

図 5.15

第6章

過 渡 現 象

5章までの話は，波形が周期波形（したがって $-\infty<t<\infty$ の t に対して $e(t)$ は値を有していた）であった．周期波形に対する集中定数回路の取り扱いは5章までで終わりである．

この章と次章では周期波形ではない電源に対しての集中定数回路の取り扱いを考えてゆく．

6.1 回路と微分方程式

（1） 2章3節で述べておいたように線形回路においては，線形微分方程式によって，求めたい量 $y(t)$ と，回路中にある電源との関係は表わされる．それを式 (6.1) に表わしておく．

$$y^{(n)}(t)+a_{n-1}y^{(n-1)}(t)+\cdots\cdots+a_1y'(t)+a_0y=f(t) \qquad (6.1)$$
$$(-\infty<t<\infty)$$

この $f(t)$ は電源によって決まってくる関数 $f(t)\not\equiv 0$ である．

この微分方程式 (6.1) を満たす解 $y(t)$ を数学的に求めることが，電気回路の問題を解くことになる．

そうすると微分方程式についてのある程度の知識が必要となってくる．しかし，この本では，はじめに述べたように時変回路は取り扱わないので，式 (6.1) の係数は定数である．定係数線形微分方程式を解くことさえ知っていれば，ことたりることになる．これに対してまず次のことが必要であろう．

一般に式 (6.1) の解（**一般解**＊）$y(t)$ は次の二つの解 $y_g(t)$ と $y_s(t)$ の和

＊ n 階の微分方程式の解で n 個の任意定数を含む解．

で表わされる.

$y_0(t)$ は,式 (6.1) の右辺 $f(t)$ が 0 のときの解で,任意定数を n 個含むものである.

すなわち,

$$y_0^{(n)}(t)+a_{n-1}y_0^{(n-1)}(t)+\cdots\cdots+a_1y_0'(t)+a_0y_0(t)=0 \tag{6.2}$$

この微分方程式を**斉次**といっている.これに対して式 (6.1) を**非斉次**という.$y_0(t)$ を式 (6.1) の微分方程式の**余関数**という.

$y_s(t)$ は未知量を全く含まない式 (6.1) の解である.要するに式 (6.1) を満足しさえすれば何でもよいのである.$y_s(t)$ を式 (6.1) の**特殊解**という.

そうすると,式 (6.1) の一般解 $y(t)$ は

$$y(t)=y_0(t)+y_s(t) \tag{6.3}$$

となる.

説明すると以下のようである.

y_s と y_0 は,それぞれ,式 (6.1) および (6.2) を満たしている.式 (6.1) と式 (6.2) の辺々を加えると

$$(y_0+y_s)^{(n)}+a_{n-1}(y_0+y_s)^{(n-1)}+\cdots\cdots$$
$$+a_1(y_0+y_s)'+a_0(y_0+y_s)=f(t)$$

となるから $y_0+y_s=y$ の y も式 (6.1) の解であることがわかる.

また,$y_0(t)$ の中に任意定数を n 個含むことから $y(=y_0+y_s)$ は当然 n 個の任意定数を含んでいる.このことから,式 (6.3) の $y(t)$ は一般解である.

n 個の任意定数を決定するためには,特定の時刻 t_0(たとえば $t_0=0$ として)における $\{y(t),\ y'(t),\ \cdots\cdots,\ y^{(n-1)}(t)\}_{t=t_0}$ の n 個の値を,指定された値となるように方程式を解けばよい.この指定された値を**初期条件**という.

以上は数学であるが,電気工学の方では,$y_s(t)$ を**定常解**,$y_0(t)$ の方を**過渡解**とよんでいる.この意味はのちにわかるであろう.

(2) ここで図 6.1 に示す回路において $y_0(t)$,$y_s(t)$ に相当する i_0 と i_s

第6章 過渡現象

を求めてみよう．

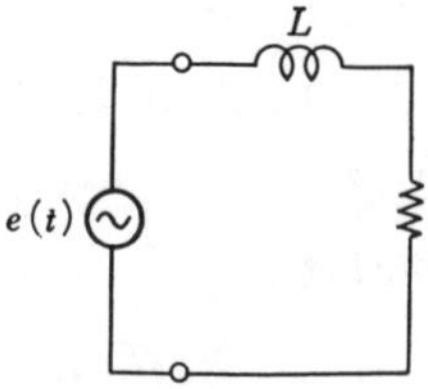

まず，電流 $i(t)$ の満たす微分方程式は

$$\frac{di(t)}{dt}+\frac{R}{L}i(t)=\frac{e(t)}{L}=\frac{E_m}{L}\cos\omega t \qquad (6.4)$$

$$(-\infty<t<\infty)$$

である．

$i_s(t)$ は式 (6.4) を満たす関数で，未知定数を含まないものである．2章で求めた電流，すなわち

$$\mathcal{R}\left\{\frac{E_m}{R+j\omega L}e^{j\omega t}\right\}=\frac{E_m}{|Z|}\cos(\omega t-\theta) \qquad (6.5)$$

ただし $|Z|=\sqrt{R^2+(\omega L)^2}$, $\tan\theta=\dfrac{\omega L}{R}$

図 6.1

$e(t)=E_m\cos\omega t$

は確かに式 (6.4) を満たしているし，かつ未知な量は入っていない．すなわち，式 (6.4) の中にある E_m, ω, R, L だけで式 (6.5) は記述されている．したがって，式 (6.5) は $i_s(t)$ となり得る資格をもっている．

$$i_s(t)=\frac{E_m}{|Z|}\cos(\omega t-\theta) \qquad (6.6)$$

次に $i_g(t)$ であるが，これは式 (6.4) の右辺を 0 とおいた解であるから

$$\frac{di_g}{dt}+\frac{R}{L}i_g=0 \qquad (6.7)$$

を満たす関数である．

$$i_g(t)=Ae^{-\frac{R}{L}t} \qquad (6.8)$$

と仮定してみると，$\dfrac{di_g}{dt}=A\left(-\dfrac{R}{L}\right)e^{-\frac{R}{L}t}=-\dfrac{R}{L}i_g(t)$ から，確かに式 (6.7) は満足されている．また A は任意定数である．式 (6.7) は1階の微分方程式であるから，任意定数は1個である．

そこで，式 (6.3) にしたがって，

$$i(t)=i_s(t)+i_g(t)$$
$$=\frac{E_m}{|Z|}\cos(\omega t-\theta)+Ae^{-\frac{R}{L}t} \qquad (6.9)$$

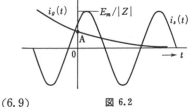

図 6.2

が式 (6.4) の一般解 $i(t)$ となる.

さて, 式 (6.4) の $e(t)$ は $-\infty<t<\infty$ と仮定しているから, 式 (6.9) の t は任意の値としてもよい.

$t\to-\infty$ での $i(t)$ は有限の大きさであるべきだから, $i_g(t)$ の A は零となるべきである.

そうすると, $-\infty<t<\infty$ において微分方程式 (6.4) の解 $i(t)$ は

$$i(t)=i_s(t)=\frac{E_m}{|Z|}\cos(\omega t-\theta)$$

となる. すなわち, これまで交流回路に流れる電流として求めてきたものが解で, これが定常的に存在し, $i_g(t)$ はこの場合には 0 であることになる.

(3) 上と同じ微分方程式で, 電源 $e(t)$ が $t\geqq 0$ に加わり, $t<0$ では図 6.3 に示すように Switch が離れていて $e(t)=0$ であったとしよう.

Switch が on される以前には回路のどの素子にも電流が流れていなかったとする.

問題を数学的に書くと次のようになる.

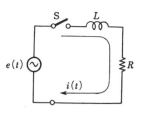

$t=0$ で Switch on
$t>0$ で $e(t)=E_m\cos\omega t$
図 6.3

$$L\frac{di(t)}{dt}+Ri(t)=e(t)=\begin{cases}0 & t<0 \\ E_m\cos\omega t & t\geqq 0\end{cases} \quad (6.10)$$

$$i(t)=0, \quad t\leqq 0 \quad (6.11)$$

これを満たす $i(t)$ を求めよう.

(i) $t<0$ のときの式 (6.10) の解は

$$i(t)=A_1 e^{-\frac{R}{L}t}$$

しかるに, $i(t)=0$, $t<0$ から $A_1=0$.

(ii) $t\geqq 0$ のときの式 (6.10) の解は式 (6.9) から

$$i(t)=A_2 e^{-\frac{R}{L}t}+\frac{E_m}{|Z|}\cos(\omega t-\theta)$$

で, $i(t)=0$, $t=0$ を代入すると

$$A_2 = -\frac{E_m}{|Z|}\cos\theta$$

したがって,

$$i(t) = \frac{E_m}{|Z|}\{\cos(\omega t - \theta) - \cos\theta\, e^{-\frac{R}{L}t}\} \tag{6.12}$$

すなわち, 初期条件から, 任意未知定数であった A_1, A_2 が決まり, すべての値がわかった解が求まったことになる.

ここで $t \geqq 0$ では, 電流 $i(t)$ は $i_s(t)$ と $i_g(t)$ の和となっているが, $i_g(t)$ の方は t が大きくなると指数関数的に零となってゆくから, $i_g(t)$ は, Switch on してしばらくたてば $i_s(t)$ の値とくらべて無視してもよい.

そうすると定常的に存在する電流は $i_s(t)$ で, $i_g(t)$ は Switch on をしたあと過渡的に存在し, t が大きくなるにしたがって0となってしまうのである. このことから $i_s(t)$ を定常解, $i_g(t)$ を過渡解といっている.

$i(t) = i_s(t) + i_g(t)$ は, 図6.4 に示すように, $t=0$ で $i(t)=0$ であるが, しばらくすると $i(t) \fallingdotseq i_s(t)$ と見なすことができるようになる.

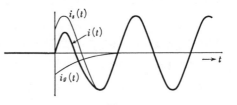

図 6.4

したがって, 図6.5 (a) に示すような $t \geqq 0$ で, $E_m\cos\omega t$ が加わったような場合の $i(t)$ も t が大きいところでは, 図6.5 (b) のように t が $-\infty$ のときから $E_m\cos\omega t$ が加わっていたとした $i(t) = i_s(t)$ としてよいことがわかる.

このことから, $t=0$ に Switch on したような (現実的, 実際的ケースでは, Switch on をする時刻は $-\infty$ でなく, このように $t=0$ である) 場合の解として, t が大きい

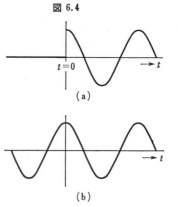

図 6.5

ときには,交流理論で求めた解 $i_s(t)$ だけを用いることができる.すなわち,交流理論の解（$-\infty < t < \infty$ で電源ありという非現実的仮定の下の解）が現実問題の解のよい近似となるのである.

しかし t が小さいときには $i_g(t)$ の値を無視することはできない. Switch on, $t=0$ からしばらくの時間の間にどのような過渡的な現象が起こるのかを検討する必要も当然ある.

このところを議論するのが過渡現象論である.

この種の問題は,特に大電力を取り扱う場合に,Switch on をして,定常状態におちつくまでに,異常な高電圧,高電流が発生して回路を破壊することはないかという問題の考察からもたらされるもので,過渡的に,異常現象が生じて回路破壊* の起きないように回路設計をするために,是非必要なのである.

先に述べた交流で各家庭に電気エネルギーを送ろうという提案がなされた時代に,この種の問題の検討がはじまったのである.

最近では電力関係以外に,図 0.1 で示したような波形（パルス波形）が回路に加わったとき回路中の電流はどのような波形になるか等,通信あるいは情報伝達のために,この種の過渡現象論が重要になっている.

（4） また数学にもどって,式 (6.1) の $y_g(t)$ すなわち式 (6.2) を求める方法を述べておこう.$y_g(t)$ を以下のように仮定してみる.

$$y_g(t) = Ae^{pt} \qquad (A \neq 0) \tag{6.13}$$

時刻 t で微分すると

$$\frac{dy_g(t)}{dt} = Ape^{pt} = py_g(t)$$

となるから,1回微分することは p をかけることになっている.したがって,式 (6.13) を式 (6.2) に代入すると

$$(p^n + a_{n-1}p^{n-1} + \cdots\cdots + a_1 p + a_0) A y_g(t) = 0 \tag{6.14}$$

---

*回路中に用いている誘電体等が誘電破壊しないように等々である.

したがって，p として

$$p^n + a_{n-1}p^{n-1} + \cdots + a_1 p + a_0 = 0 \tag{6.15}$$

を満足するものを選ぶと，A を任意定数として，式 (6.13) が式 (6.2) の解になり得ることがわかる．

式 (6.15) の代数方程式を，式 (6.2) の微分方程式の**特性方程式**とよんでいる．

(4-1) 式 (6.15) の根を p_1, p_2, ……, p_n とするとき，これらがすべて異なる場合には

$$y_g(t) = A_1 e^{p_1 t} + A_2 e^{p_2 t} + \cdots + A_n e^{p_n t} \tag{6.16}$$

が n 個の任意定数 A_1, A_2, ……, A_n を含む式 (6.2) の解となる．

(4-2) 2重根がある場合（たとえば $p_1 = p_2$ とすると），式 (6.16) の $e^{p_1 t}$ と $e^{p_2 t}$ とが同一関数となる．そのときには $(A_1 + A_2)$ が一つの任意定数となり，式 (6.16) のままでは任意定数は $(n-1)$ 個になってしまう．このときには

$$y_g(t) = A_1 e^{p_1 t} + A_2 t e^{p_1 t} + A_3 p e^{p_3 t} + \cdots + A_n e^{p_n t} \tag{6.17}$$

が n 個の任意定数を含む式 (6.2) の解となる．

(4-3) m 重根があるとき，すなわち $p_1 = p_2 = \cdots = p_m$ のときは

$$e^{p_1 t},\ t e^{p_1 t},\ t^2 e^{p_1 t},\ \cdots,\ t^{m-1} e^{p_1 t}$$

が式 (6.2) の解であることがわかるので，それぞれに任意定数をかけたものと，残りの $(n-m)$ 個の $e^{p_i t}$ $(i = m+1,\ m+2,\ \cdots,\ n)$ に，それぞれ任意定数をかけたものとの和，すなわち

$$y_g(t) = A_1 e^{p_1 t} + A_2 t e^{p_1 t} + \cdots + A_m t^{m-1} e^{p_1 t} + A_{m+1} e^{p_{m+1} t}$$
$$+ \cdots + A_n e^{p_n t} \tag{6.18}$$

が式 (6.2) の n 個の任意定数を含む解となる．

以上の方法を用いれば，過渡現象の問題を解くことができる．

6.2 初 期 条 件

微分方程式の解の中の任意定数を決定するための初期条件については,先に数学的にふれておいたが,電気的に初期条件を説明しておこう.

(1) 電磁気学の教えるところによると,インダクタンス L に流れる電流 $i(t)$ は,電源電圧が $t=0$ で不連続に変化しても,$t=0$ で不連続には変化できない.

たとえば,図 6.6 で,直流電源 $E(t)$ が $t=0$ で E_0 から E_1 に変わるとしても,電流 I は $t<0$ の I_0 から,図のように $t=0$ で連続に変化してゆく.これは,もし連続でなく,不連続に $I(t)$ が変化したとすると,L の両端に発生する電圧が $E_L = L\dfrac{\varDelta I}{\varDelta t}$ で,$\varDelta t \to 0$,$\varDelta I \neq 0$ であることから $E_L \to \infty$ となって,不合理であるからである.

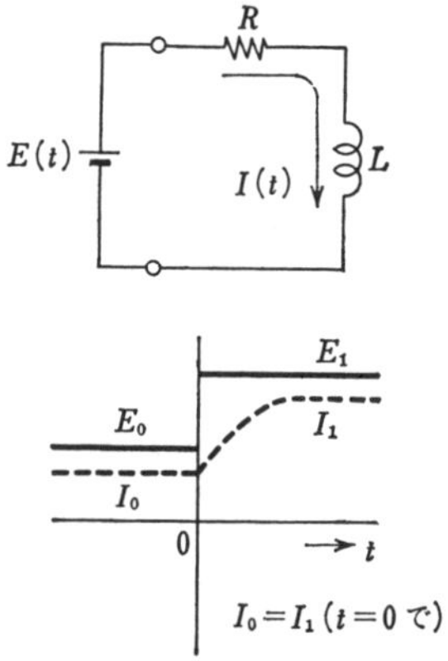

このインダクタンス素子に流れる連続性を表わすと,$t=0$ の前後において(これを 0^-,0^+ と書く)$i(t)$ が等しいことから

$$i(0^+)=i(0^-) \tag{6.19}$$

となる.したがって,もし $i(0^-)=0$ であれば $i(0^+)=0$ である.

図 6.6

$I_0 = I_1 \ (t=0 \ \text{で})$

(2) 同様に,キャパシタンス C の両端の電圧 $v(t)$ は,電源電圧 $e(t)$ が $t=0$ で不連続に変化しても,$t=0$ で不連続には変化できないことがいえる.これは,もし電圧 $v(t)$ が不連続に変化したとすると,キャパシタンスに流入する電流 $i(t)$ が

$$i(t)=\frac{\Delta q}{\Delta t}=C\frac{\Delta v}{\Delta t}$$

であるから，$\Delta t \to 0$ のとき $\Delta v \neq 0$ とすると，$i(t) \to \infty$ となり不合理となるからである．図6.7において，$t=0$ の前後（0^-, 0^+）で $E(t)$ が E_0 から E_1 に変わると V_0 は V_0 から $t=0$ で連続に変化して t が大きくなると $V_1 \to E_1$ となる．このキャパシタンス素子の電圧 $v(t)$ の連続性を表わすと，

$$v(0^+)=v(0^-) \tag{6.20}$$

となる．したがって，$v(0^-)=0$ であれば $v(0^+)=0$ である．

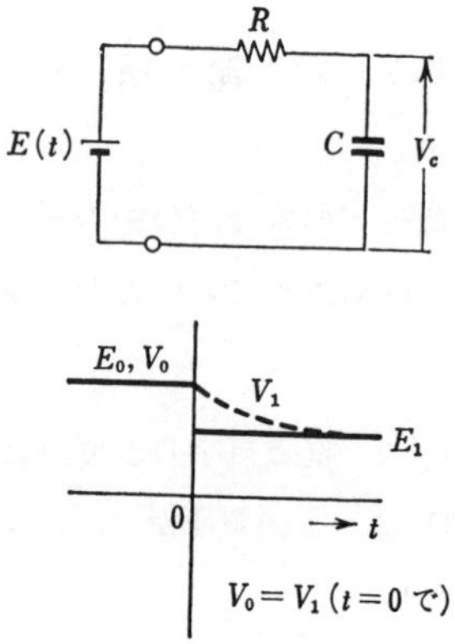

図 6.7

この二つが初期条件として用いられるもので，電気現象の物理的考察からでてくるのである．また，式 (6.19) に L を，式 (6.20) に C をかけると

$$Li(0^+)=Li(0^-) \tag{6.21}$$
$$Cv(0^+)=Cv(0^-) \tag{6.22}$$

となり，式 (6.21), (6.22) はそれぞれインダクタンスを貫通する**磁束数 Φ の連続性**，キャパシタンスの極端上の**電荷 q の連続性**を表わしている．すなわち，

$$\Phi(0^+)=\Phi(0^-) \tag{6.23}$$
$$q(0^+)=q(0^-) \tag{6.24}$$

とも表わされる．

6.3 簡単な回路の過渡現象

(1)

(1-1) 図 6.8 (a) に示す RL 回路に，$t=0$ で直流電圧源 E_0 を加えるとする．$t<0$ では L には電流が流れていなかったとしよう．$t<0$ で L には当然電流は流れていないと考えられるかもしれないが，同図 (b) のように，他の

6.3 簡単な回路の過渡現象

電源 E_1 が Switch S_1 を通して $t<0$ では L に電流を流していたとし，$t=0$ で S を on すると同時に S_1 を off にしたと考えると，$t<0$ で，L に電流が流れていたことになる．ここでは $t<0$ で $I(t)=0$ としよう．

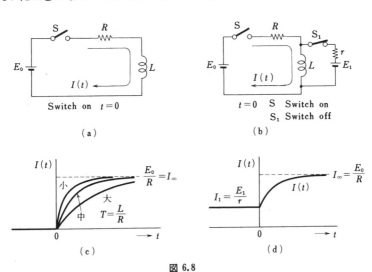

図 6.8

微分方程式は $t \geqq 0$ で

$$L\frac{dI}{dt} + RI = E_0 \tag{6.25}$$

定常解 I_s

$$I_s = \frac{E_0}{R} \tag{6.26}$$

である（これを代入すると式 (6.25) は確かに満たされている）．

過渡解 I_g は

$$I_g = Ae^{-\frac{R}{L}t} \tag{6.27}$$

である．したがって，

$$I = I_s + I_g = \frac{E_0}{R} + Ae^{-\frac{R}{L}t} \tag{6.28}$$

となる．

ここで $I(0^+) = I(0^-) = 0$ を用いると

$$A = -\frac{E_0}{R}$$

と求まり,これを式 (6.28) に代入すると,

$$I = \frac{E_0}{R}(1 - e^{-\frac{R}{L}t}) \tag{6.29}$$

が最終解として得られる.これを図示すると図6.8(c)のようになる.

t が大きくなると $I \to \frac{E_0}{R} = I_s$ (定常解) となるが,$\frac{R}{L}$ が大きいほど,短い時間で $I \to I_s$ となる.

この $\frac{R}{L}$ の逆数を T と書いて

$$T = \frac{L}{R} \tag{6.30}$$

とすると

$$I = \frac{E_0}{R}(1 - e^{-\frac{t}{T}}) \tag{6.31}$$

と表わされる.また E_0/R は $t \to \infty$ の I であるから I_∞ と書くと

$$I = I_\infty(1 - e^{-\frac{t}{T}}) \tag{6.32}$$

となる.

t を T で割った値 t/T によって,I と I_∞ の関係が記述され,この場合には I が I_∞ の $1 - \frac{1}{e} = 63.2$〔%〕になる時刻 t は

$$t = T \tag{6.33}$$

で与えられる.

T を**時定数**とよんでいる.

(1-2) 図(b)のように $t < 0$ では E_1 が L に加わっており $I_1 = \frac{E_1}{r}$ の電流が流れていた場合を考えてみよう.

式 (6.28) の I に初期条件 $I(0^+) = I(0^-) = I_1 = \frac{E_1}{r}$ を用いて A を定めると,

$$I = I_\infty + (I_1 - I_\infty)e^{-\frac{t}{T}} \tag{6.34}$$

となる.

6.3 簡単な回路の過渡現象

この I を図6.8（d）に示しておく．

（2） 次に RC 回路の過渡現象を取り扱ってみよう．
C の両端の電圧 $V(t)$ について微分方程式を作ると

$$RC\frac{dV}{dt}+V=E_0 \qquad t\geqq 0 \qquad (6.35)$$

である．
したがって

$$V(t)=E_0+Ae^{-\frac{t}{RC}} \qquad (6.36)$$

まず（a）では

$$V(0^+)=V(0^-)=0 \text{ から } A=-E_0$$

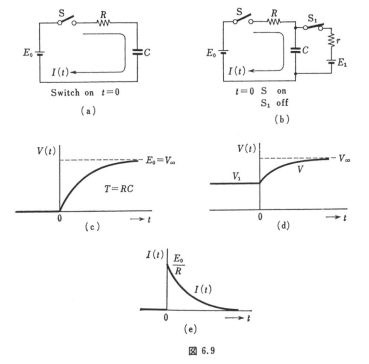

図 6.9

$V_\infty = E_0$, $T = RC$ とおくと

$$V(t) = V_\infty(1 - e^{-\frac{t}{T}}) \tag{6.37}$$

（b）では

$$V(0^+) = V(0^-) = E_1 \text{ から } A = E_1 - E_0$$

$$V(t) = V_\infty + (E_1 - V_\infty)e^{-\frac{t}{T}} \tag{6.38}$$

これらを図示すると，それぞれ（c），（d）となる．

電流 $I(t)$ については

$$I(t) = \frac{d}{dt}(CV(t)) = C\frac{d}{dt}V(t)$$

から式（6.37）の場合については

$$I(t) = \frac{E_0}{R}e^{-\frac{t}{T}} = I(0^+)e^{-\frac{t}{T}} \quad t \geq 0 \tag{6.39}$$

$$I(0^+) = \frac{E_0}{R}$$

$$I(0^-) = 0$$

したがって，$I(t)$ については $t=0$ で不連続である．これを図（e）に示しておく．$t \to \infty$ では $I(t) = 0$ となる．

式（6.38）の場合については

$$I(t) = \frac{-(E_1 - E_0)}{R}e^{-\frac{t}{T}} \tag{6.40}$$

Switch on すると，ただちに R を通して，電荷が流れる（電流としては $I(0^+) = \frac{E_0}{R}$）が，時間がたつにしたがって，C の両端の電圧が上がってきて，R の両端の電圧が $E_0 - V(t)$ となり，電流が少なくなってゆく．時間が十分にたつと，コンデンサが充電され，その電圧が E_0 に近くなって，ほとんど電流 $I(t)$ が流れなくなるのである．

時定数 T は RC である．

（3）次に図6.9の（b）の回路で $t < 0$ では S_1 が on で C に E_1 の電圧が加わっていて，$t=0$ では S を on，S_1 を off するが $E_0 = 0$ である場合を考え

6.3 簡単な回路の過渡現象

よう．それを図6.10(a)に示す．

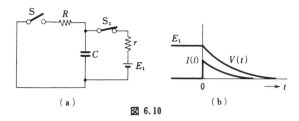

図 6.10

このときの解 $V(t)$, $I(t)$ は式 (6.38), (6.40) で $E_0=0$ とすれば

$$V(t)=E_1 e^{-\frac{t}{T}} \quad (t\geqq 0) \tag{6.41}$$

$$I(t)=-\frac{E_1}{R}e^{-\frac{t}{T}} \quad (t\geqq 0) \tag{6.42}$$

$$I(0^-)=0$$

となり，図6.10(b)のように変化する．

すなわち $t<0$ において，電源 E_1 で，C が充電された電荷が，$t\geqq 0$ においては，抵抗 R を通して放電されるのである．エネルギー的考察を加えると $t=0^-$ において C にたくわえられているエネルギー W_C は

$$W_C=\frac{1}{2}CE_1^2 \tag{6.43}$$

である．一方，$t\geqq 0$ で $t=\infty$ までに R で消費されるエネルギー W_R は

$$W_R=\int_0^\infty V(t)I(t)\,dt=\frac{E_1^2}{R}\int e^{-\frac{2t}{T}}dt=\frac{TE_1^2}{2R}\left[-e^{-\frac{2t}{T}}\right]_0^\infty$$

$$=\frac{1}{2}CE_1^2 \tag{6.44}$$

で $W_R=W_C$ がわかる．

以上で，簡単な回路の過渡現象の説明は終わる．その方法としては，微分方程式の一般解を用い，次に初期条件を入れて，具体的な解を求めるというものであった．

しかるに，初期条件をはじめから入れることのできる解法がある．それはラプラス変換を用いる方法である．次章にその説明を加えて，もう一度過渡現象

について考察することにする.

問　題

（1） 図6.11の回路について，Cの極板の電荷 $q(t)$ に関する微分方程式を作れ.

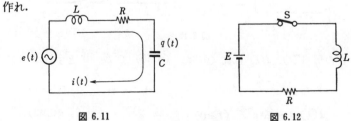

図 6.11　　　　　　図 6.12

（2） 図6.12の回路で，スイッチSがはじめ閉じており，回路に I の電流が流れていた．Sを開いたあとでは回路電流は当然零になる．Sが閉じていたときコイルにたくわえられていたエネルギーはどこへいったか．

（3） 図6.13の回路でスイッチSを $t=0$ で閉じるとする．どのような現象が起きるであろうか．

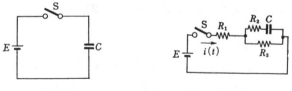

図 6.13　　　　　　図 6.14

（4） 図6.14の回路で $t=0$ で Switch on するとする．ただしCには $t<0$ で電荷はなかったとする．
　　電流 $i(t)$ を求めよ．また時定数 T はいくらか．

第7章

フーリエ変換とラプラス変換

この章では電源が有限時間間隔だけに存在して，あとは零である弧立波のときの電気回路の取り扱いについて説明する．
そのためには，数学的にはフーリエ変換とよばれる知識が必要である．
以下それらについて述べてゆく．

7.1 フーリエ変換

（1） 周期 T をもつ周期波形 $f(t)$ （図7.1）は式 (7.1) のようにフーリエ級数で表現できた．

$$f(t) = \sum_{n=-\infty}^{\infty} c_n e^{jn\omega t} \tag{7.1}$$

$$c_n = \frac{1}{T}\int_0^T f(t) e^{-jn\omega t} dt = \frac{1}{T}\int_{-\frac{T}{2}}^{\frac{T}{2}} f(t) e^{-jn\omega t} dt \tag{7.2}*$$

ここで周期 T を無限大にしてみる．そうすれば $f(t)$ はもはや周期関数ではなくなる．

そのとき，式 (7.1) や式 (7.2) はどう表現されることになろうか．

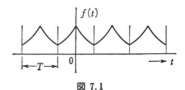

図 7.1

たとえば，

$$f_T(t) = e^{-\alpha|t|} \quad (\alpha > 0) \quad -\frac{T}{2} \leq t < \frac{T}{2}$$

---

*式 (7.2) は1周期についての積分であるから，0から T でも，$-\frac{T}{2}$ から $\frac{T}{2}$ でも同じ値となる．

$$f_T(t+T) = f_T(t) \quad -\infty < t < \infty$$

と定義した $f_T(t)(-\infty<t<\infty)$ は周期 T の周期関数である. ここで $T\to\infty$ とすると $f_T(t)$ は

$$f_T(t) = e^{-\alpha|t|} \quad -\infty < t < \infty \quad (7.3)$$

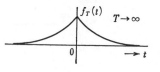

図 7.2

となって, 図 7.2 のようになる.

この波形式 (7.3) の $f_T(t)$ は, 周期関数ではない. $t\to\pm\infty$ で $f_T\to 0$ となる関数である.

さて, 式 (7.2) で積分変数を t から ξ としよう.

$$c_n = \frac{1}{T}\int_{-\frac{T}{2}}^{\frac{T}{2}} f_T(\xi) e^{-jn\omega\xi} d\xi \quad (7.4)$$

この式 (7.4) を式 (7.1) に代入すると

$$f_T(t) = \frac{1}{T}\sum_{n=-\infty}^{\infty}\left\{\int_{-\frac{T}{2}}^{\frac{T}{2}} f_T(\xi) e^{-jn\omega\xi} d\xi\right\} e^{jn\omega t}$$

$$= \sum_{n=-\infty}^{\infty}\frac{1}{T}\int_{-\frac{T}{2}}^{\frac{T}{2}} f_T(\xi) e^{jn\omega(t-\xi)} d\xi \quad (7.5)$$

ここで

$$n\omega = n\frac{2\pi}{T} = \omega_n \quad (7.6)$$

$$\frac{1}{T} = \frac{1}{2\pi}\left\{(n+1)\frac{2\pi}{T} - n\frac{2\pi}{T}\right\} = \frac{1}{2\pi}(\omega_{n+1}-\omega_n) \quad (7.7)$$

$$\Phi(\omega) = \int_{-\frac{T}{2}}^{\frac{T}{2}} f_T(\xi) e^{j\omega(t-\xi)} d\xi \quad (7.8)$$

とおくと, 式 (7.5) は次のように書かれる.

$$f_T(t) = \frac{1}{2\pi}\sum_{n=-\infty}^{\infty}(\omega_{n+1}-\omega_n)\Phi(\omega_n) \quad (7.9)$$

この式で $T\to\infty$ としてみよう. すると, 式 (7.7) から $\omega_{n+1}-\omega_n\to 0$, すなわち ω_n は離散的変数 (このときは $n=1, 2, 3, \cdots\cdots$ についての和は $\sum$) から連続変数 ω (このとき ω についての和は $\int$ となる) になる.

7.1 フーリエ変換

そうすると式 (7.5) の $f_T(t)$ は

$$f_T(t) = \frac{1}{2\pi} \int_{-\infty}^{\infty} \left\{ \int_{-\infty}^{\infty} f_T(\xi) e^{j\omega(t-\xi)} d\xi \right\} d\omega$$

と表わせる. ここで $T \to \infty$ としたときの $f_T(t)$ を $f_T(t) = f(t)$ と書くと

$$f(t) = \frac{1}{2\pi} \int_{-\infty}^{\infty} F(\omega) e^{j\omega t} d\omega \tag{7.10}$$

ただし

$$F(\omega) = \int_{-\infty}^{\infty} f(\xi) e^{-j\omega \xi} d\xi \tag{7.11}$$

$$= \int_{-\infty}^{\infty} f(t) e^{-j\omega t} dt$$

となる.

式 (7.1) に対応するのが式 (7.10),式 (7.2) に対応するのが式 (7.11) である.

周期波の場合には基本角周波数 $\omega_0 \left(= \frac{1}{T} \right)$ の整数倍の角周波数に対して c_n があったが,周期波でない場合には $T \to \infty$ であるから,基本角周波数 ω_0 $\left(= \frac{1}{T} \right) \to 0$ となるので,その整数倍といえども連続と見なされ,すべての角周波数 ω に対して式 (7.11) の $F(\omega)$ に対応する振幅密度(次元的に $F(\omega)d\omega$ が振幅に対応する. したがって,角周波数が ω から $\omega+d\omega$ に対する波を,振幅が $F(\omega)d\omega$ で,時間的に $e^{j\omega t}$ で振動していると考え,次に $F(\omega)d\omega e^{j\omega t}$ を ω について $-\infty$ から $+\infty$ まであつめる,すなわち積分したものが式 (7.10) の意味である)をもつ波のあつまりと考えたのが式 (7.10) である.

式 (7.2) の c_n は,$f(t)$ が周期波であるから1周期についての積分であったが,式 (7.11) の $F(\omega)$ では $T \to \infty$ であるから,$-\infty$ から $+\infty$ までの積分となっている.

式 (7.11) を**フーリエ変換**とよんでいる. 式 (7.10) を**フーリエ逆変換**という. また $F(\omega)$ を $f(t)$ の**スペクトラム**ともよぶ. すなわち $f(t)$ の波形で角周波数 ω の振幅密度がいくらかを $F(\omega)$ が表わしているのである.

どんな $f(t)$ に対しても式 (7.11) の $F(\omega)$ が求まるかというと,そうでは

ない．

$$\int_{-\infty}^{\infty} |f(t)| dt < \infty \tag{7.12}$$

の条件があれば $F(\omega)$ は求まる．式 (7.12) のことを $f(t)$ の**絶対積分が収束する**という．

（2） 例をあげておく．

(2-1) 図 7.3 に示す単一パルス $f(t)$ の $F(\omega)$ を求めてみよう．

$$f(t) = \begin{cases} E & |t| \leq a \\ 0 & |t| > a \end{cases} \tag{7.13}$$

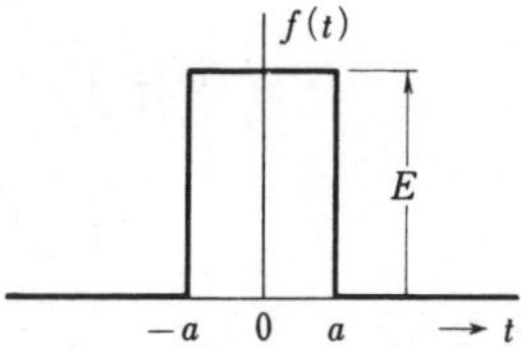

であるから

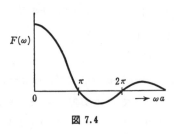

図 7.3

$$F(\omega) = \int_{-\infty}^{\infty} f(t) e^{-j\omega t} dt = \int_{-a}^{a} E e^{-j\omega t} dt$$

$$= 2Ea \frac{\sin \omega a}{\omega a} \tag{7.14}$$

$F(\omega)$ を図 7.4 に示しておく．これから $f(t)$ のスペクトルは無限に広がっていることがわかる．$|F(\omega)|$ は ω が大きくなると小さくなってくる．もし，はじめて $F(\omega) = 0$ となる ω_0 までの周波数帯域幅 B を考えると，$\omega_0 a = \pi$ から

$$B = \frac{1}{2a} \tag{7.15}$$

図 7.4

となる．a が小さいほど，すなわちパルス幅 ($2a$) の狭いほど B は広くなる．パルスを増幅する増幅器の設計は，このようなことを考慮して行なわれるのである．

ここで E の大きさを $E = \dfrac{1}{2a}$ として，a が小さくなるにしたがって E が大きくなるものとしてみよう（図 7.5）．

その極限 $a \to 0$ を考えると

$$\int_{-\infty}^{\infty} f(t)\,dt = \frac{1}{2a} \times 2a = 1 \qquad (7.16)$$

であるから, $f(t)$ は $t \neq 0$ では値が 0 で, かつ式 (7.16) を満たす面積 1 をもっている.

このような $f(t)$ を特に $\boldsymbol{\delta(t)}$ と書いて, **デルタ関数**といっている. 電気では**インパルス**とよぶ.

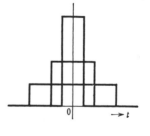

図 7.5

そうすると式 (7.14) の δ 関数のスペクトラムは

$$F(\omega) = \lim_{a \to 0} 2E \cdot a \cdot \frac{\sin \omega a}{\omega a} = 1 \qquad (7.17)$$

したがって, どの周波数 ω でも同じスペクトラムをもっていることになる.

(2-2) 図 7.6 に示す波形 $f(t)$ は

$$f(t) = \begin{cases} 0 & t < 0 \\ e^{-\alpha t} & t \geq 0 \quad (\alpha > 0) \end{cases} \qquad (7.18)$$

である. この $f(t)$ の $F(\omega)$ は

図 7.6

$$F(\omega) = \int_{-\infty}^{\infty} f(t) e^{-j\omega t}\,dt = \int_{0}^{\infty} f(t) e^{-j\omega t}\,dt$$

$$= \frac{1}{\alpha + j\omega} \qquad (7.19)$$

となる.

ここで $\alpha \to 0$ とすると, $f(t)$ は $t < 0$ で 0, $t > 0$ で 1 という**階段関数** $Y(t)$ に近づいてくる (図 7.7).

式 (7.19) で $\alpha \to 0$ とおくと

図 7.7

$$F(\omega) = \frac{1}{j\omega} \qquad (7.20)$$

となる.

一方, はじめから

とおくと、
$$f(t)=Y(t)=\begin{cases} 0 & t<0 \\ 1 & t\geqq 0 \end{cases} \tag{7.21}$$
とおくと、$\int_{-\infty}^{\infty}|f(t)|dt=\int_{0}^{\infty}dt\to\infty$ となって絶対積分は収束しない.

この $Y(t)$ は6章で述べた過渡現象に用いる電源 $E(t)=\begin{cases} 0 & t<0 \\ E_0 & t>0 \end{cases}$ を表現するのに $E(t)=E_0 Y(t)$ となり、便利であるが、正式にはフーリエ変換 $F(\omega)$ は求められないことになる.

また、もう一つ過渡現象でよくでる電源として
$$f(t)=\begin{cases} 0 & t<0 \\ E_0 \sin\omega t & t\geqq 0 \end{cases}$$
があるが、このときも $\int_{0}^{\infty}|f(t)|dt=\int_{0}^{\infty}E_0|\sin\omega t|dt\to\infty$ で、$F(\omega)$ が存在しない.

このようによく使う関数に対しても $F(\omega)$ は存在しないことがある. これは過渡現象を議論するときにフーリエ変換のままでは不便であるということを意味する. そこで後に述べるラプラス変換が考えられるのである.

7.2 フーリエ変換と回路

（1） 図7.8に示す回路に $e(t)$ として、図7.5で示される電源が接続されたとしよう. p.140の例（2-1）から $e(t)$ は
$$e(t)=\frac{1}{2\pi}\int_{-\infty}^{\infty}E(\omega)e^{j\omega t}d\omega$$
$$E(\omega)=2Ea\frac{\sin\omega a}{\omega a}$$

この回路は線形回路であるから、重ねの理が用いられる. $e(t)$ は $\{E(\omega)d\omega e^{j\omega t}\}$ の ω に対して $-\infty$ から $+\infty$ までの和であるから、$i(t)$ も $\{E(\omega)d\omega e^{j\omega t}\}$ に対して流れる電流の ω に

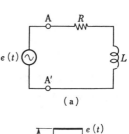

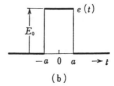

図 7.8

7.2 フーリエ変換と回路

対しての和である．

ところで，角周波数 ω の複素電圧 $E(\omega)d\omega e^{j\omega t}$ に対して，流れる電流は $I(\omega)d\omega e^{j\omega t}$ で，$I(\omega)$ は交流理論から，図7.8（a）の AA' から右を見こむ入力アドミタンス $Y(\omega)=\dfrac{1}{R+j\omega L}$ を用いて

$$I(\omega)=Y(\omega)E(\omega)=\frac{E(\omega)}{R+j\omega L} \tag{7.22}$$

となる．したがって，

$$i(t)=\frac{1}{2\pi}\int_{-\infty}^{\infty}I(\omega)e^{j\omega t}d\omega=\frac{1}{2\pi}\int_{-\infty}^{\infty}Y(\omega)E(\omega)e^{j\omega t}d\omega$$

$$=\frac{1}{2\pi}\int\frac{2Ea}{R+j\omega L}\frac{\sin\omega a}{\omega a}e^{j\omega t}d\omega \tag{7.23}$$

となる．この積分を求めて $i(t)$ が得られる．このためには複素積分の手法を必要とするから，ここでは，これ以上深入りしないことにする．

このような形式で $i(t)$ が求まることを知ってほしい．

（2） 図7.9に示すように一般の場合にも，同様に

$$e(t)=\frac{1}{2\pi}\int_{-\infty}^{\infty}E(\omega)e^{j\omega t}d\omega$$

として，AA' から角周波数 ω に対するアドミタンス $Y(\omega)$ を求めると

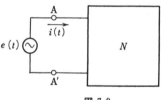

図 7.9

$$i(t)=\frac{1}{2\pi}\int_{-\infty}^{\infty}Y(\omega)E(\omega)e^{j\omega t}d\omega$$

$$=\frac{1}{2\pi}\int_{-\infty}^{\infty}\frac{E(\omega)}{Z(\omega)}e^{j\omega t}d\omega \tag{7.24}$$

となる．

この方法は $e(t)\to E(\omega)$，$i(t)\to I(\omega)$ とスペクトラムの量 $E(\omega)$，$I(\omega)$ に $e(t)$，$i(t)$ を変換すると，各スペクトラム間は，インピーダンス，アドミタンス $Z(\omega)$，$Y(\omega)$ によって関係があるから，

$$I(\omega)=Y(\omega)E(\omega)=\frac{1}{Z(\omega)}E(\omega)$$

となることを用いている．

このことを図式にまとめると，図7.10のようになるであろう．

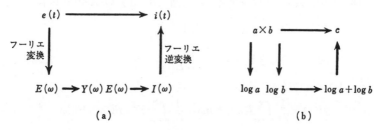

図 7.10

このように直接 $e(t) \to i(t)$ と求めずに，$e(t) \to E(\omega) \to I(\omega) \to i(t)$ と行なうのは，これだけに限られず，二つの数のかけ算のときに対数を用いる場合なども同じである．

7.3 ラプラス変換

(1) フーリエ変換のところで，仮りに $f(t)$ が $t<0$ で 0，$t>0$ のときのみ値をもつものでも $F(\omega)$ が存在しないことがあることを述べておいた．

特に，単位階段関数（ステップ関数）$Y(t)$ や，$(E_m \cos \omega t) Y(t)$ のように過渡現象によくでてくるものに対して $F(\omega)$ が存在しないのは，不便である．

以後 $f(t)$ は $t<0$ では

$$f(t)=0 \quad t<0 \tag{7.25}$$

と仮定しておく．このようにしても，われわれが実験する場合には Switch on するときを $t=0$ とすれば問題はない．

そこで，$f(t)$ に $e^{-\sigma t}(\sigma>0)$ をかけた関数 $f(t)e^{-\sigma t}$ のフーリエ変換を考えてみよう．

$t \to \infty$ のとき，$\sigma>0$ から $e^{-\sigma t} \to 0$ となる．したがって，$f(t)$ が $t \to \infty$ で 0 とならない場合でも，$f(t)e^{-\sigma t}$ は 0 となることもあるから，$f(t)e^{-\sigma t}$ のフーリエ変換が存在するかもしれない．いつもそうなるとは限らないのは当然で

$f(t)=e^{t^2}$ を考えてみると $f(t)e^{-\sigma t}$ は $t\to\infty$ で $\to\infty$ である.

フーリエ変換が存在するとしたとき,すなわち,

$$\int_{-\infty}^{\infty} f(t)e^{-\sigma t}e^{-j\omega t}dt = \int_0^{\infty} f(t)e^{-(\sigma+j\omega)t}dt$$

$$= \int_0^{\infty} f(t)e^{-st}dt = 有限$$

$$(s=\sigma+j\omega)$$

のとき,この結果を

$$F(s)=\int_0^{\infty} f(t)e^{-st}dt \tag{7.26}$$

と書き $F(s)$ のことを $f(t)$ の**ラプラス変換**とよぶ.また $f(t)$ は $F(s)$ を用いて

$$f(t)=\frac{1}{2\pi j}\int_{\sigma-j\infty}^{\sigma+j\infty} F(s)e^{st}ds \tag{7.27}$$

となる.これを**ラプラス逆変換**という.

この σ は有限であればいくら大きくとってもよい.要は式 (7.26) の形式の積分を有限にする σ であることが必要である.

(2) 例

(2-1) $f(t)=Y(t)=\begin{cases} 0 & t<0 \\ 1 & t\geqq 0 \end{cases}$

であると

$$F(s)=\int_0^{\infty} f(t)e^{-st}dt = \int_0^{\infty} e^{-st}dt = \frac{1}{s} \tag{7.28}$$

(2-2) $f(t)=\begin{cases} 0 & t<0 \\ e^{-\alpha t} & t\geqq 0 \end{cases}$

のとき,$\sigma > -\alpha$ であれば

$$F(s)=\int_0^{\infty} f(t)e^{-st} = \int_0^{\infty} e^{-\alpha t}e^{-st}dt = \frac{1}{s+\alpha} \tag{7.29}$$

(2-3) $f(t)=\delta(t)$ のとき

$$F(s)=\int_0^\infty \delta(t)e^{-st}dt=1 \tag{7.30}$$

(2-4) $f(t)=t^n$ のとき

$$F(s)=\int_0^\infty t^n e^{-st}dt=\frac{n!}{s^{n+1}} \tag{7.31}$$

表7.1にいくつかの $f(t)$ と $F(s)$ の関係を示しておく.

表 7.1

$f(t)$	$F(s)$
$\delta(t)$	1
$Y(t)$	$\dfrac{1}{s}$
t	$\dfrac{1}{s^2}$
$\dfrac{t^{n-1}}{(n-1)!}$ (n:正整数)	$\dfrac{1}{s^n}$
$\cos\omega t$	$\dfrac{s}{s^2+\omega^2}$
$\sin\omega t$	$\dfrac{\omega}{s^2+\omega^2}$
$e^{-\alpha t}\cos\omega t$	$\dfrac{s+\alpha}{(s+\alpha)^2+\omega^2}$
$e^{-\alpha t}\sin\omega t$	$\dfrac{\omega}{(s+\alpha)^2+\omega^2}$
$e^{-\alpha t}$	$\dfrac{1}{s+\alpha}$

$f(t)$ のラプラス変換が $F(s)$,$F(s)$ の逆変換が $f(t)$ となることを記号 $\mathcal{L}$ を用いて

$$\mathcal{L}[f(t)]=F(s) \tag{7.32}$$
$$\mathcal{L}^{-1}[F(s)]=f(t) \tag{7.33}$$

と書くことがある.

(3) ラプラス変換にはいろいろの性質があるが，ここでは次の二つの性質だけについて述べておく．

(3-1) $\mathcal{L}[f_1(t)] = F_1(s)$, $\mathcal{L}[f_2(t)] = F_2(s)$ とすると
$$\mathcal{L}[f_1(t) + f_2(t)] = F_1(s) + F_2(s) \tag{7.34}$$
である．

これはラプラス変換の線形性を示すものであって，証明は定義式からただちにできる．

(3-2) $\mathcal{L}[f(t)] = F(s)$ とするとき $f'(t)$ のラプラス変換は
$$sF(s) - f(0^-) \tag{7.35}$$
である．

微分した関数 $f'(t)$ のラプラス変換を考えるときには，ラプラス変換の下限を 0^- にとることにする．それはあとでわかるであろう．

$$F(s) = \int_{0^-}^{\infty} f(t) e^{-st} dt$$

$$\int_{0^-}^{\infty} f'(t) e^{-st} dt = \Big[f(t) e^{-st} \Big]_{0^-}^{\infty} - \int_{0^-}^{\infty} f(t) \frac{d}{dt}(e^{-st}) dt$$

$$= -f(0^-) + s \int_{0^-}^{\infty} f(t) e^{-st} dt$$

$$= sF(s) - f(0^-) \tag{7.35}*$$

(3-3) 同様にすると $f^{(n)}(t)$ のラプラス変換は
$$s^n F(s) - s^{n-1} f(0^-) - s^{n-2} f'(0^-) - \cdots\cdots - f^{(n-1)}(0^-) \tag{7.36}$$
となる．

このように微分した関数のラプラス変換 $F(s)$ の中には $f(t)$ の $t=0^-$ のときの値，すなわち初期値が入ってきている．この理由で過渡現象の解決に有用となるのである．

＊部分積分を用いた．

$f(t)$ から $F(s)$ を求めるのは割合らくであるが $F(s)$ から $f(t)$ を求める逆変換については，一般的にむずかしい．しかし $f(t)$ と $F(s)$ には1対1の対応があり，かつ前に述べたようにラプラス変換，逆変換共に線形であるから

$$F(s)=F_1(s)+F_2(s)$$

として $\mathcal{L}^{-1}[F_1(s)]=f_1(t)$, $\mathcal{L}^{-1}[F_2(s)]=f_2(t)$ であれば

$$f(t)=f_1(t)+f_2(t) \tag{7.37}$$

である．これを用い，かつ表によって，$f(t)$ を出してもよい．

一般的には**複素積分**の力にたよらざるを得ない．

7.4 ラプラス変換と回路

（1） 回路素子の R, L, C についての電流，電圧の関係は2章で述べたように，それぞれ

$$v(t)=Ri(t) \tag{7.38}$$

$$v(t)=L\frac{di}{dt} \tag{7.39}$$

$$i(t)=\frac{dq}{dt}=C\frac{dv}{dt} \tag{7.40}$$

$$q=Cv$$

である．

ここで $i(t)$, $v(t)$ のラプラス変換を考え

$$I(s)=\int_{0-}^{\infty}i(t)e^{-st}dt \tag{7.41}$$

$$V(s)=\int_{0-}^{\infty}v(t)e^{-st}dt \tag{7.42}$$

$$Q(s)=\int_{0-}^{\infty}q(t)e^{-st}dt \tag{7.43}$$

と表わそう．

(1-1) 抵抗 R のとき

式 (7.38) の両辺に e^{-st} をかけ 0^- から ∞ まで t について積分すると
$$V(s)=RI(s) \tag{7.44}$$
で，$I(s)$, $V(s)$ の関係は $i(t)$, $v(t)$ と同一の関係である．

(1-2) インダクタンス L のとき

式 (7.39) の両辺に e^{-st} をかけて，同様に積分する．式 (7.35) を用いると
$$V(s)=L(sI(s)-i(0^-))$$
$$=sLI(s)-Li(0^-) \tag{7.45}$$

(1-3) キャパシタンス C のとき

同様に行なうと
$$I(s)=sQ(s)-q(0^-) \tag{7.46}$$
$$=C(sV(s)-v(0^-)) \tag{7.47}$$
$$Q(s)=CV(s)$$

である．

(1-4) 式 (7.44), (7.45), (7.47) を回路表現しよう．それぞれ式を変形すると，図 7.11, 図 7.12, 図 7.13 に示すようになることがわかるであろう．

sL や $\dfrac{1}{Cs}$ はちょうど，交流理論のとき

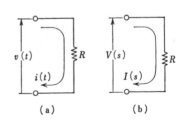

図 7.11

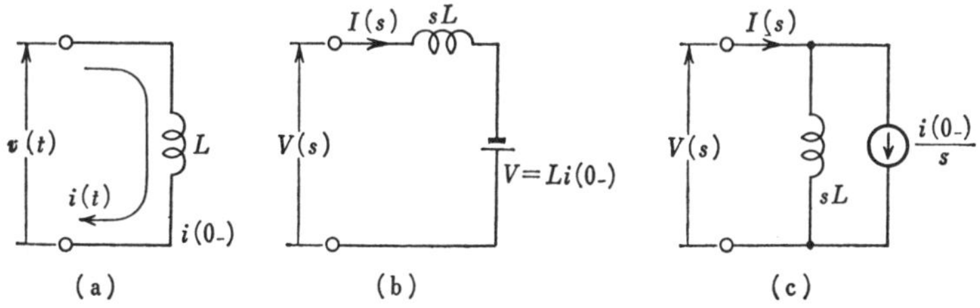

図 7.12

の $j\omega L$, $\dfrac{1}{j\omega C}$ と考えてよく，また $i(0^-)$ や $v(0^-)$ は電源と見なせることがわかる．

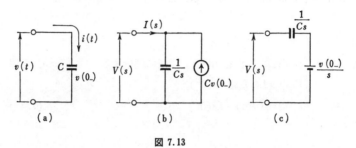

図 7.13

(2) これらの関係と，また式 (7.36) を用いると $i(t)$ に関する微分方程式を，ラプラス変換 $I(s)$ を用いた代数方程式に変形できることになる．

たとえば，図 7.14 に示す場合について考えよう．

$t=0$ で Switch on をして，$t=0^-$ では L に I_1 の電流が流れていたとしよう．

微分方程式は

$$L\dfrac{di}{dt}+Ri=e(t)=E_0 Y(t) \qquad (7.48)$$

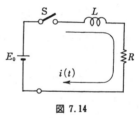

図 7.14

両辺に e^{-st} をかけて，t について 0^- から ∞ まで積分すると，式 (7.45) と式 (7.28) から

$$L(sI(s)-i(0^-))+RI(s)=E_0\dfrac{1}{s}$$

$$i(0^-)=I_1$$

したがって

$$I(s)=\dfrac{E_0\dfrac{1}{s}+LI_1}{sL+R}$$

$$=I_\infty\dfrac{1}{s}+\dfrac{L(I_1-I_\infty)}{sL+R} \qquad (7.49)$$

$$I_\infty = \frac{E_0}{R}$$

このように $I(s)$ は代数方程式から求まる．

この逆変換 $i(t)$ を求めるのに式 (7.37) と表を用いると

$$L^{-1}\left[I_\infty \frac{1}{s}\right] = I_\infty Y(t)$$

$$L^{-1}\left[\frac{L(I_1-I_\infty)}{sL+R}\right] = L^{-1}\left[\frac{(I_1-I_\infty)}{s+\frac{R}{L}}\right] = (I_1-I_\infty)e^{-\frac{R}{L}t}$$

から

$$i(t) = I_\infty + (I_1-I_\infty)e^{-\frac{R}{L}t} \quad (t \geqq 0)$$

となる．

この結果は，6章の式 (6.34) と一致する．

（3） もう一つ図 7.15 に示す回路の電流 $i(t)$ を求めよう．$t=0$ で Switch on すると しキャパシタンス C の両端の電圧 $v(t)$ の $t=0^-$ の値を E_1 とする．微分方程式は

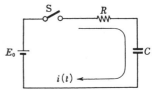

図 7.15

$$CR\frac{dv}{dt} + v = e(t) = E_0 Y(t) \tag{7.50}$$

$v(t)$ のラプラス変換を $V(s)$ とすると

$$CR[sV(s)-v(0^-)] + V(s) = \frac{E_0}{s}$$

$$v(0^-) = E_1$$

これは，式 (7.50) の微分方程式に代わって，代数方程式である．これから

$$V(s) = \frac{E_0 \frac{1}{s} + CRE_1}{CRs+1}$$

$$= E_0 \frac{1}{s} + \frac{CR(E_1-E_0)}{RCs+1}$$

$$= V_\infty \frac{1}{s} + \frac{CR(E_1-V_\infty)}{RCs+1} \tag{7.51}$$

この $V(s)$ から逆変換を用いて $v(t)$ が

$$v(t)=V_\infty Y(t)+(E_1-V_\infty)e^{-\frac{1}{RC}t} \tag{7.52}$$

となる.

この式は，前に求めた式 (6.38) と一致する.

以上のようにラプラス変換を用いると，微分方程式が代数方程式となり，かつその代数方程式の中に初期条件の値 $i(0^-)$, $v(0^-)$ が入っているから，初期条件をはじめから取りこんで $I(s)$ や $V(s)$ が求まる. その逆変換から $i(t)$, $v(t)$ が初期条件を考慮した上で求まることになる.

このことが $t<0$ で 0, $t\geqq 0$ で値をもつ形式の電源に対する回路の応答を求めるのによく使用される理由である. この方式を図式に描くと，図 7.16 のように表わされるであろう. ラプラス変換については，この辺でやめておく.

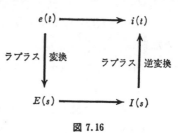

図 7.16

問　題

（1）フーリエ変換は線形性があることを示せ.
（2）$f(t)$ のフーリエ変換を $F(\omega)$ とするとき
　（i）$f(at)$　$(a>0)$　　（ii）$f(t-\tau)$　　（iii）$f(t)e^{j\omega_0 t}$
　（iv）$f'(t)$　　　　　　（v）$f^{(n)}(t)$
のフーリエ変換はそれぞれ

　（i）$\dfrac{1}{a}F\left(\dfrac{\omega}{a}\right)$　　（ii）$F(\omega)e^{-j\omega\tau}$　　（iii）$F(\omega-\omega_0)$
　（iv）$(j\omega)F(\omega)$　　（v）$(j\omega)^n F(\omega)$
となることを示せ.
（3）ラプラス変換についての表 7.1 を導け.
（4）図 7.17 で C には，$t<0$ で V_0 の電圧があるとする. $t=0$ で Switch on し

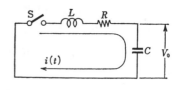

図 7.17

たとき，この回路の $i(t)$ を求めよ．ただし $i(0^-)=0$ とする．

(5) 図7.18で $t=0$ で Switch on するとする．

$t=0^-$ においては $i(0^-)=0$, C の両端の電位も 0 であったとする．

(i) 回路方程式を $q(t)$ について作れ．
(ii) 定常解と過渡解を求めよ．
(iii) $i(t)$ を求めよ．
(iv) ラプラス変換を用いて $i(t)$ を求めよ．

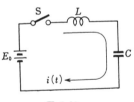

図 7.18

第8章

分布定数回路

7章までは，集中定数回路について，電源波形が正弦波交流，非正弦波周期波，$t<0$ で 0 の波形のときの応答に関して述べた．

以上で集中定数回路についての議論は一応おわりにして，この章では0章の回路の分類の中で述べたもう一つの回路形式である分布定数回路について考えることにする．電源は正弦波交流とする．

0章ですこしふれておいたが，真空中でも電波の伝搬する速度は $c \fallingdotseq 3\times 10^8$ 〔m/s〕と有限であるから，長さのある回路においては，入力が加わって，その出力がでるまでに時間がかかるのである．

このような場合は厳密には回路を集中定数回路でなく，分布定数回路として取り扱わなければならない．

以下，説明をしてゆく*．

8.1 分布定数回路の基本式

（1） 7章までの図面の中で，図8.1のように R, L, C を示してきた．このように描こうとすると空間的な大きさをどうしても必要とするが，これは電気的記号として用いたにすぎず，R, L, C は，空間的な大きさのない，抵抗器，インダクタ，キャパシタの電気的動作の表現であった．この理想化は抵抗器，イン

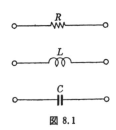

図 8.1

---

*詳しくは，参考書としてあげた(16)を参照されたい (p.223)．

8.1 分布定数回路の基本式

ダクタ,キャパシタの寸法 l が,考える電源の周波数 f から定まる波長 λ にくらべて $l/\lambda \ll 1$ のときには,現実問題のよい近似である.ちょうど地球と太陽との運動を記述するときに,それらの半径 $R_E{}^*$, $R_S{}^*$ は二つの距離間隔 D^* にくらべて,(R_E/D), $(R_S/D) \ll 1$ であるから,地球と太陽を大きさがなく,質量だけが m_E, m_S となる質点と見なしてよいことに対応している.

また,地球から発射されている人工衛星の運動も,地球,人工衛星を質点と見なして,その記述をしてもよい.

しかし,地球上の潮の満ち引きの現象を論ずるときは,月と太陽は質点と見なしてもよいが,地球は有限の大きさと質量をもつものと考えなくてはならない.

このように同一物体(回路)を考えの対象としていても,考える事柄によっては(電気回路の場合には,電源の周波数によるが)物体を大きさ零と見なしてもよい場合もあるが,物体に大きさがあると見なさなければならないときもでてくる(回路の構成素子の大きさを零と見なしてもよい場合と,大きさがあり,それ全体に R, L, C の作用が分布していると考えなければならない場合とがある).

(2) さて,まえおきはこの程度にして本論に入ろう.

図 8.2 に分布定数回路の代表例を示そう.座標軸 x を図のようにとる.

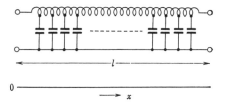

図 8.2

回路の長さを l とし,インダクタンス L はどの x の点でも分布していて,インダクタンスだけ単位長さあつめると L [H/m] であるとする.

キャパシタンス C も,どの x 点でも分布していて,キャパシタンスだけを単位長さあつめると C [F/m] であるとしよう.

---

* $R_E = 6\,378$ km, $R_S = 696\,000$ km, $D = 1.496 \times 10^8$ km

このLとCを，それぞれ単位長さ当たりの**分布直列インダクタンス，分布並列キャパシタンス**とよんでいる．

図8.2では，特にCの方が，xの特定なところにしかないように書かれているが，本当はどの点にもある．しかし，図ではそれを表現できないからしかたがないのである．

このような回路で表わされる代表例は，図8.3に示す同軸線（a）や平行2線（b）（レッヘル線）である．

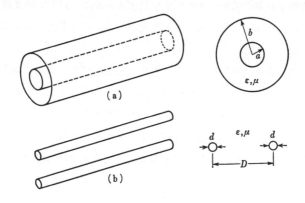

図 8.3

これらの L, C は電磁気学の方から，媒質の誘電率，透磁率を ε, μ とすると

(2-1) 同軸線

$$C = 2\pi\varepsilon \frac{1}{\log\dfrac{b}{a}} \tag{8.1}$$

$$L = \frac{\mu}{2\pi} \log \frac{b}{a} \tag{8.2}$$

(2-2) 平行2線

8.1 分布定数回路の基本式

$$C = \pi\varepsilon \frac{1}{\log\frac{2D-d}{d}} \quad (8.3)$$

$$L = \frac{\mu}{\pi} \log\frac{2D-d}{d} \quad (8.4)$$

で与えられる.

(3) 図8.2のように示すのは面倒であるから，図8.4のように太線で同じ意味をもっていることと考えよう.

この AA′ 端に電源（複素交流電源 $e^{j\omega t}$）を接続し，$x=l$ の BB′ 端に負荷 Z_L を接続したとする.

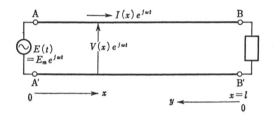

図 8.4

回路は線形回路であるから，時間的にはすべて $e^{j\omega t}$ で変化するので，以後は $e^{j\omega t}$ は省略して，複素振幅だけを記すことにしよう.

x 点の電圧，電流の正を図8.4のように定義する.

$V(x)$, $I(x)$ は一般に場所 x で変わるであろう.

そこで，場所 x と場所 $x+\varDelta x$ を考える．$\varDelta x$ は十分に小さいとする．最後に $\varDelta x \to 0$ とする.

図8.5 (a) のように，その部分だけを示す．x での電圧，電流を $V(x)$, $I(x)$ とし，$x+\varDelta x$ での電圧，電流を $V(x)+\varDelta V$, $I(x)+\varDelta I$ としよう.

この部分は $\varDelta x \ll 1$ であるから集中定数回路にできる．それは同図 (b) のようになる.

ここでキルヒホッフの法則を用いると

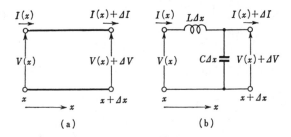

図 8.5

$$V(x) = j\omega(L\Delta x)I(x) + V(x) + \Delta V \tag{8.5}$$

$$I(x) = j\omega(C\Delta x)(V(x) + \Delta V) + I(x) + \Delta I \tag{8.6}$$

Δx, ΔV は小さい量であるから，それにくらべて $\Delta x \cdot \Delta V$ は無視できる．そうすると式 (8.5), (8.6) から

$$\lim_{\Delta x \to 0} \frac{\Delta V}{\Delta x} = \frac{dV}{dx} = -j\omega L I \tag{8.7}$$

$$\lim_{\Delta x \to 0} \frac{\Delta I}{\Delta x} = \frac{dI}{dx} = -j\omega C V \tag{8.8}$$

が電圧 $V(x)$，電流 $I(x)$ の満たす方程式となる．これら式 (8.7), (8.8) を**分布定数回路の基本式**という．

以上は直列に L，並列に C を考慮しただけであるが，実際の回路では抵抗，コンダクタンスがあり，それらを単位長さ当たりの**直列抵抗** R 〔Ω/m〕，単位長さ当たりの**並列コンダクタンス** G 〔℧/m〕としてとり入れ，単位長さ当たりの**直列分布インピーダンス**，および**並列分布アドミタンス**をそれぞれ Z, Y (この Y は Z の逆数とは違うことに注意してほしい) とすると

$$Z = R + j\omega L \quad 〔\Omega/\text{m}〕 \tag{8.9}$$

$$Y = G + j\omega C \quad 〔℧/\text{m}〕 \tag{8.10}$$

となる．したがって，式 (8.7), (8.8) の基本式は Z と Y とを用いて

$$\frac{dV(x)}{dx} = -ZI(x) \tag{8.11}$$

$$\frac{dI(x)}{dx} = -YV(x) \tag{8.12}$$

となる

図 8.4 で BB′ からの距離 y を用いると同一点の座標 x と y には
$$x+y=l$$
の関係があるから，$dx+dy=0$ すなわち $dx=-dy$ となる．

これを式 (8.11)，(8.12) に代入すると
$$\frac{dV(y)}{dy}=ZI(y) \tag{8.13}$$
$$\frac{dI(y)}{dy}=YV(y) \tag{8.14}$$
とも表現できる．

8.2 基本式の解（波動）

（1） 式 (8.11)，式 (8.12) は $V(x)$，$I(x)$ についての連立 1 階微分方程式である．

ここで $Z=R+j\omega L$，$Y=G+j\omega C$ が x によらず一定である分布定数回路としよう．以後この仮定のもとに議論をすすめる．これを一様な分布定数回路という．

式 (8.11) を x で微分し，式 (8.12) を用いると
$$\frac{d^2V(x)}{dx^2}=ZYV(x) \tag{8.15}$$
また，式 (8.12) を x で微分し，式 (8.11) を用いると
$$\frac{d^2I(x)}{dx^2}=ZYI(x) \tag{8.16}$$
となる．

式 (8.15) において
$$V(x)=Ae^{-\gamma x}+Be^{\gamma x} \tag{8.17}$$
とおくと，
$$\gamma^2=Z\cdot Y \tag{8.18}$$

(ただし $\mathfrak{R}(\gamma) > 0$ とする)

のとき, A, B を未定の任意定数として, 解となることがわかる. この $V(x)$ を式 (8.11) に代入すると

$$I(x) = \frac{1}{Z_0}(Ae^{-\gamma x} - Be^{\gamma x}) \tag{8.19}$$

ただし
$$Z_0 = \sqrt{\frac{Z}{Y}} \tag{8.20}$$

となる.

ここで γ は

$$\gamma = \sqrt{(R+j\omega L)(G+j\omega C)} = \alpha + j\beta \tag{8.21}$$

$$\alpha = \frac{1}{\sqrt{2}}\sqrt{\sqrt{(R^2+\omega^2 L^2)(G^2+\omega^2 C^2)} + (RG - \omega^2 LC)} \tag{8.22}$$

$$\beta = \frac{1}{\sqrt{2}}\sqrt{\sqrt{(R^2+\omega^2 L^2)(G^2+\omega^2 C^2)} - (RG - \omega^2 LC)} \tag{8.23}$$

である.

$R=0$, $G=0$ のときを**無損失分布定数回路**という. このときには

$\gamma = \alpha + j\beta$ は

$$\alpha = 0 \tag{8.24}$$

$$\beta = \omega\sqrt{LC} \tag{8.25}$$

となり, Z_0 は

$$Z_0 = \sqrt{\frac{j\omega L}{j\omega C}} = \sqrt{\frac{L}{C}} \tag{8.26}$$

となる. γ は純虚数, Z_0 は実数である.

(2) 式 (8.17), (8.19) をながめると, x で変わる量は $e^{-\gamma x}$, $e^{\gamma x}$ であるから, この二つについて考えてみよう.

(2-1) $Ae^{-\gamma x}$

以上の議論では $e^{j\omega t}$ をはぶいていたが, $e^{-\gamma x}$ の様子をしらべるために $e^{j\omega t}$ をかけてみる.

また，$e^{j\omega t}$ を仮定したときは，$Ae^{-\gamma x}e^{j\omega t}$ の実部をとると，実際の様子を示すことになっている．これを $v_1(t)$ とおこう．

$$v_1(t) = \Re(Ae^{-(\alpha+j\beta)x}e^{j\omega t})$$
$$= |A|e^{-\alpha x}\cos(\beta x - \omega t + \theta_A) \qquad (8.27)$$

ただし $A = |A|e^{-j\theta_A}$

$\cos(\beta x - \omega t + \theta_A)$ は t を固定して，x での変化をしらべると，場所に対して正弦的に変わり，また x を固定して，t での変化をしらべると，時間に対して正弦的に変わっていることがわかる．また $\beta x - \omega t + \theta_A = 0$ を満たす (x, t) では $\cos 0 = 1$ で，$\cos(\beta x - \omega t + \theta_A)$ が 1 となって最も大きくなる．図 8.6 のように $t = t_0,\ x = x_0$ で

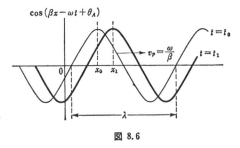

図 8.6

$$\beta x_0 - \omega t_0 + \theta_A = 0$$

であったとし，$t = t_1,\ x = x_1$ で，また

$$\beta x_1 - \omega t_1 + \theta_A = 0$$

であったとする．この両式から

$$\lim_{t_1 \to t_0} \frac{x_1 - x_0}{t_1 - t_0}$$

を求めると，$\cos(\beta x - \omega t + \theta_A)$ の振幅 1 である場所 x が時間的に変化していく速度が与えられる．求めると

$$\lim_{t_1 \to t_0} \frac{x_1 - x_0}{t_1 - t_0} = \frac{\omega}{\beta} = v_p \qquad (8.28)$$

となる．この量を**位相速度**とよんでいる．

一方，$e^{-\alpha x}$ は，図 8.7 に示すように x と共に減る関数である．したがって

$$v_1(t) = |A|e^{-\alpha x}\cos(\beta x - \omega t + \theta_A)$$

は，振幅が距離 x と共に $e^{-\alpha x}$ で減小し，位

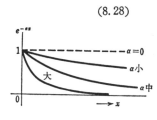

図 8.7

相速度 $v_p=(\omega/\beta)$ で x の正の方向に進む波を表わしていることになる．

したがって，$e^{-\gamma x}$ の方は x の正の方向に進む波であることがわかる．

(2-2) $Be^{\gamma x}$

$B=|B|e^{j\theta_B}$ とおき，同様にしらべると，

$$v_2(t)=|B|e^{\alpha x}\cos(\beta x+\omega t+\theta_B)$$

となる．

したがって，位相速度 v_p は

$$v_p=\frac{(-\omega)}{\beta}=-\frac{\omega}{\beta} \qquad (8.29)$$

($v_1(t)$ と見くらべると式上で $\omega\to-\omega$ とおけばよいから)

すなわち，x 座標の減少する方向に進む波で，その方向に振幅が減小している波が $v_2(t)$ である．

したがって $e^{\gamma x}$ の方は x の負の方向に進む波であることがわかる．

(3) 以上のことから，式 (8.17) を考えると，任意の点 x での電圧 $V(x)$ は x の正方向に進む $Ae^{-\gamma x}$ と x の負方向に進む $Be^{\gamma x}$ との和であることがわかる．

また電流 $I(x)$ も x の正方向に進む $\dfrac{A}{Z_0}e^{-\gamma x}$ と，x の負方向に進む $\left(\dfrac{-B}{Z_0}\right)e^{\gamma x}$ との和であることがわかる．

すなわち，x の正方向に進む電圧，電流，$Ae^{-\gamma x}$，$\dfrac{A}{Z_0}e^{-\gamma x}$ と x の負方向に進む電圧，電流，$Be^{\gamma x}$，$\left(\dfrac{-B}{Z_0}\right)e^{\gamma x}$ とが分布回路上に存在することになる．

すなわち，

$$V(x)=V_1(x)+V_2(x) \qquad (8.30)$$

$$V_1(x)=Ae^{-\gamma x}, \quad V_2(x)=Be^{\gamma x} \qquad (8.31)$$

$$I(x)=I_1(x)+I_2(x) \qquad (8.32)$$

$$I_1(x)=\frac{A}{Z_0}e^{-\gamma x}, \quad I_2(x)=\left(\frac{-B}{Z_0}\right)e^{\gamma x} \qquad (8.33)$$

$V_1(x)$ に $I_1(x)$ が属して x の正方向に，$V_2(x)$ に $I_2(x)$ が属して x の負

方向に伝搬しているのである (図8.8).

$$\frac{V_1(x)}{I_1(x)} = Z_0 \quad (8.34)$$

$$\frac{V_2(x)}{I_2(x)} = -Z_0 \quad (8.35)$$

となるが, Z_0 を**特性インピーダンス**とよんでいる. 式(8.35)は $V_2/I_2=-Z_0$ となり, 式(8.34)と符号が異なるが, これは $V(x)$, $I(x)$ の値の正の方向が図8.4と定められているのに対して, $I_2(x)$ は x の負の方向に伝搬していることから生じているのである.

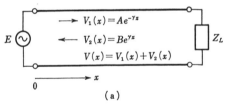

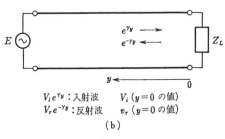

図 8.8

$\gamma=\alpha+j\beta$ の α は, 振幅が $e^{-\alpha x}$, $e^{\alpha x}$ とそれぞれ x の正方向, 負方向に減小することを示す量であるから, **減衰定数**とよばれている.

それに対して, β は $\cos(\beta x \mp \omega t + \theta)$ と位相項の中に βx という形で入るものであることから, **位相定数**といわれている.

γ のことを**伝搬定数**という.

また図8.6から $t=t_0$ としたときの $\cos(\beta x-\omega t+\theta_A)$ は, 周期 λ の周期波形となっているから (λ を**波長**という) β と λ との間には

$$\beta\lambda = 2\pi \quad (8.36)$$

$$\beta = \frac{2\pi}{\lambda} \quad (8.37)$$

の関係があることになる.

(4) 以上で基本式の解の意味がわかったと思う. 最後に式(8.13), 式(8.14)の座標 y (負荷から電源 $E(t)$ に向かって測ったもの, 図8.4)による $V(y)$, $I(y)$ は, 同様に

$$V(y) = V_i e^{\gamma y} + V_r e^{-\gamma y} \tag{8.38}$$

$$I(y) = \frac{1}{Z_0}(V_i e^{\gamma y} - V_r e^{-\gamma y}) \tag{8.39}$$

となることは容易にわかる.

ここで $e^{\gamma y}$, $e^{-\gamma y}$ は y について,それぞれ y の負方向(x の正方向),y の正方向(x の負方向)に進むものであることもわかろう(図8.8 (b)).

そうすると $V_i e^{\gamma y}$, $V_r e^{-\gamma y}$ はそれぞれ電源から負荷 Z_L 方向,および負荷 Z_L から電源方向に進んでいるものであることになる.V_i, V_r そのものは $y=0$ とおいた $V_i e^{\gamma y}$, $V_r e^{-\gamma y}$ の値であるから,$y=0$ の負荷 Z_L のある場所での負荷に**入射する波**($V_i e^{\gamma y}$)の大きさ,および,負荷で**反射された波**($V_r e^{-\gamma y}$)の大きさを表わしていることがわかる.

8.3 反射係数,インピーダンス

(1) 分布定数回路上の任意の点での電圧 $V(y)$,電流 $I(y)$ が式 (8.38),(8.39) で表わされること,および V_i, V_r の意味もわかったことと思う.

ここで

$$V(y) = V_1(y) + V_2(y) \tag{8.40}$$

$$V_1(y) = V_i e^{\gamma y} \tag{8.41}$$

$$V_2(y) = V_r e^{-\gamma y} \tag{8.42}$$

とおく.$V_1(y)$, $V_2(y)$ はそれぞれ電源から負荷へ,負荷から電源へと進む波で,それぞれ電圧の**入射波**,**反射波**とよばれている.

負荷のついているところ(負荷端)$y=0$ での入射波,反射波の大きさは,それぞれ式 (8.41),(8.42) で $y=0$ とおくと V_i, V_r である.

ここで

$$S_V(0) = \frac{V_2(0)}{V_1(0)} = \frac{V_r}{V_i} \tag{8.43}$$

を考えてみると,入射波 V_i の何%が V_r となっているかを $S_V(0)$ は示していることになる.

この $S_V(0)$ を電圧の**反射係数**という.

電流についても

$$I(y) = I_1(y) + I_2(y) \tag{8.44}$$

$$I_1(y) = \frac{V_i}{Z_c} e^{\gamma y} \tag{8.45}$$

$$I_2(y) = -\frac{V_r}{Z_c} e^{-\gamma y} \tag{8.46}$$

とおくと, $I_1(y)$, $I_2(y)$ はそれぞれ電源から負荷へ, 負荷から電源へと進む波で, 電流の入射波, 反射波とよばれるものである. 式 (8.43) と同様に $I_1(0)$ と $I_2(0)$ の比をとって, 電流の反射係数が定義される.

$$S_I(0) = \frac{I_2(0)}{I_1(0)} \tag{8.47}$$

式 (8.45), (8.46) を用いると

$$S_I(0) = -\frac{V_r}{V_i} = -S_V(0) \tag{8.48}$$

なり, $S_I(0)$ は電圧の反射係数 $S_V(0)$ の符号をかえたものであることがわる.

したがって, 以後は電圧の反射係数 $S_V(0)$ を $S(0)$ と書いて, それについて考えてゆく.

$y=0$ に負荷 Z_L が接続されているのであるから, 式 (8.40), (8.44) で $y=0$ とおいた $V(0)$, $I(0)$ は

$$Z_L = \frac{V(0)}{I(0)} \tag{8.49}$$

を満たすはずである.

式 (8.41), (8.42), (8.45), (8.46) から

$$V(0) = V_i + V_r$$

$$I(0) = \frac{1}{Z_c}(V_i - V_r)$$

であるから

$$Z_L = Z_c \frac{V_i + V_r}{V_i - V_r}$$

したがって

$$S(0) = \frac{V_r}{V_i} = \frac{Z_L - Z_0}{Z_L + Z_0} \tag{8.50}$$

と負荷端 $y=0$ での反射係数が求まった。

(2) 点 y で，図8.9のように，負荷 Z_L を含む暗箱を考えて，AA′ から右のことはわからないとしてみよう．するとAA′ の端面では $V_1(y)$ という入射波と $V_2(y)$ という反射波が存在していることになり，この点での反射係数 $S(y)$ も定義されよう．すなわち，

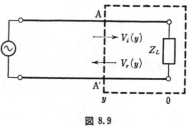

図 8.9

$$S(y) = \frac{V_2(y)}{V_1(y)} \tag{8.51}$$

式 (8.41), (8.42), (8.43) を用いると

$$S(y) = \frac{V_r e^{-\gamma y}}{V_i e^{\gamma y}} = \frac{V_r}{V_i} e^{-2\gamma y} = S(0) e^{-2\gamma y} \tag{8.52}$$

となり，$y=0$ の反射係数 $S(0)$ と y における $S(y)$ とは式 (8.52) のような簡単な関係にあることがわかる．

さて $y=0$ での反射係数 $S(0)$ は式 (8.50) のように，回路の特性インピーダンス Z_0 と負荷インピーダンス Z_L とで決まることがわかっているが，y での反射係数 $S(y)$ に対して，何かインピーダンスとの関連はないかを考えてみよう．図8.10のように，y の点で，図8.9と同様に暗箱を考えてみる．

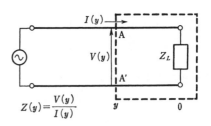

図 8.10

(3) AA′ 端面では電圧 $V(y)$ があり，電流 $I(y)$ が図のように流れこん

8.3 反射係数，インピーダンス

でいる．2章で述べたインピーダンスの定義を考えてみると，ここで，$\dfrac{V(y)}{I(y)}$ という量は y 点で右側を見こむインピーダンスとしてもよいことがわかる．これを $Z(y)$ と書こう．

$$Z(y)=\frac{V(y)}{I(y)} \tag{8.53}$$

ここで式 (8.40), (8.44) を用いて，式 (8.53) の右辺を変形してみよう．

$$Z(y)=Z_C\frac{V_i e^{\gamma y}+V_r e^{-\gamma y}}{V_i e^{\gamma y}-V_r e^{-\gamma y}}$$

$$=Z_C\frac{e^{\gamma y}+\dfrac{V_r}{V_i}e^{-\gamma y}}{e^{\gamma y}-\dfrac{V_r}{V_i}e^{-\gamma y}}$$

これに式 (8.50) を代入してみると

$$Z(y)=Z_C\frac{(Z_L+Z_C)e^{\gamma y}+(Z_L-Z_C)e^{-\gamma y}}{(Z_L+Z_C)e^{\gamma y}-(Z_L-Z_C)e^{-\gamma y}}$$

$$=Z_C\frac{Z_L(e^{\gamma y}+e^{-\gamma y})+Z_C(e^{\gamma y}-e^{-\gamma y})}{Z_C(e^{\gamma y}+e^{-\gamma y})+Z_L(e^{\gamma y}-e^{-\gamma y})}$$

$$=Z_C\frac{Z_L+Z_C\tanh\gamma y}{Z_C+Z_L\tanh\gamma y} \tag{8.54}*$$

となる．この式から，特性インピーダンス，伝搬定数がそれぞれ Z_C, γ で与えられる分布定数回路の負荷端 $y=0$ に Z_L を接続したとき，負荷から y だけ離れた点での（入力）インピーダンスが計算できることになる．

また，式 (8.53) を変形するときに次のようにしてもよい．

$$Z(y)=Z_C\frac{V_i e^{\gamma y}+V_r e^{-\gamma y}}{V_i e^{\gamma y}-V_r e^{-\gamma y}}=Z_C\frac{1+\dfrac{V_r}{V_i}e^{-2\gamma y}}{1-\dfrac{V_r}{V_i}e^{-2\gamma y}}$$

ここで，式 (8.52) を用いると，

$$Z(y)=Z_C\frac{1+S(y)}{1-S(y)} \tag{8.55}$$

---

* $\dfrac{e^{\gamma y}+e^{-\gamma y}}{2}=\cosh\gamma y$, $\dfrac{e^{\gamma y}-e^{-\gamma y}}{2}=\sinh\gamma y$

$\dfrac{e^{\gamma y}-e^{-\gamma y}}{e^{\gamma y}+e^{-\gamma y}}=\dfrac{\sinh\gamma y}{\cosh\gamma y}=\tanh\gamma y$ を**双曲線関数**という．

すなわち,

$$S(y) = \frac{Z(y) - Z_o}{Z(y) + Z_o} \tag{8.56}$$

となる．これは y 点での（入力）インピーダンス $Z(y)$ と反射係数 $S(y)$ を結びつける式である．

式 (8.50) と式 (8.56) とをよくみると，これらから一般に（入力）インピーダンスが Z であると，反射係数 S は

$$S = \frac{Z - Z_o}{Z + Z_o} \tag{8.57}$$

としてよいことがわかる．Z が $y=0$ の値であれば $S(0)$ となるし，Z が y のところの値 $Z(y)$ であれば $S(y)$ となる．

（4） 電気回路においては，あるインピーダンスが，他の回路でどのように変換されてゆくかということがしばしばとりあげられる．たとえば3章の整合回路でこの例があり，負荷インピーダンス R に理想トランス（巻線比 $N_1:N_2$ ）をつけると，1次側からみたインピーダンス $R_{in} = (N_1/N_2)^2 R$ となり，R が R_{in} に変換されて見えた（図8.11）．

また，フィルタもこのような観点から考えられる．図8.12でAA′から見こむインピーダンス Z は R が回路で変換されたものであると見なしてもよい．

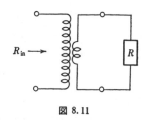

図 8.11

この考え方を用いると，図8.13に示すように，特性インピーダンス Z_C, 伝搬定数 γ, 長さ l の分布定数回路は，Z_L を式 (8.54) で表わされる $Z(y=l)$

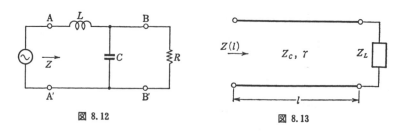

図 8.12　　　　　　　図 8.13

8.3 反射係数，インピーダンス

$=Z(l)$, すなわち

$$Z(l) = Z_C \frac{Z_L + Z_C \tanh \gamma l}{Z_C + Z_L \tanh \gamma l} \tag{8.58}$$

と変換するものであるとも見なされる．

この式 (8.58) で計算してもよいが，式 (8.43), (8.52), (8.55) を見ると，次のように $Z(l)$ を求めてもよいことがわかる．

まず $y=0$ の Z_L と Z_C から $S(0)$ （式 (8.50)), $S(0)$ と γ と l を用いて $S(l)$ (式 (8.52)), 最後に $S(l)$ から $Z(l)$ (式 (8.55)) を求める．この方式を書くと

$$Z_L \to S(0) \to S(l) \to Z(l)$$

となろう．

そうすると，図 8.14 に示すような二つの方法が Z_L から $Z(l)$ を求めるのに存在することになる．

どちらでも同一結果の $Z(l)$ を得るが，反射係数を経由して $Z(l)$ を得るのには**スミスチャート**という便利な図表がある関係で，これまでは

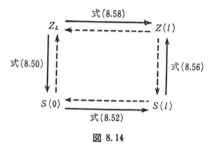

図 8.14

これがよく用いられてきた．しかし，現在は電子計算機が便利になったので，直接 $Z_L \to Z(l)$ の方がらくであろう．しかし，スミスチャートを用いて行なう方法は簡便であるので，実験データからすぐに $Z(l)$ を知りたいときなどには重宝である．

図 8.14 は逆に $Z(l) \to S(l) \to S(0) \to Z_L$ とたどれることは当然である．この方式で $Z(l)$ を測定して Z_L を決めることが多く行なわれている．

（5） 以上は Z_C, γ を用いた一般的な話であったが，ここで，損失のない，すなわち $R = G = 0$ のときに話を限るとしよう．実際の場合に同軸線路を用いて電気エネルギー，電気信号を伝送しようとするときは，線路メーカーの方で

極力 R, G が小さくなるように心がけているし,また,われわれが実験室内でこれらを用いるときは,l が長くない関係で $R=G=0$ とおいてもさしつかえない.この条件下では,前にも述べておいたが,

$$Z_o=\sqrt{\frac{L}{C}}(=R_o \text{ とおく,} \textbf{特性抵抗})$$

$$\gamma=j\beta=j\omega\sqrt{LC} \quad (\alpha=0,\ \beta=\omega\sqrt{LC})$$

となる.これらを用いて重要な式のみを書いておくと

$$S(0)=\frac{Z_L-R_o}{Z_L+R_o} \tag{8.59}$$

$$S(l)=S(0)e^{-j2\beta l} \tag{8.60}$$

$$Z(l)=R_o\frac{Z_L+jR_o\tan\beta l}{R_o+jZ_L\tan\beta l} \tag{8.61}*$$

となる.

減衰定数 $\alpha=0$ であるから

$$|V_1(y)|=|V_ie^{j\beta y}|=|V_i|,\ |V_2(y)|=|V_re^{-j\beta y}|=|V_r|$$

と入射波,反射波共に振幅は場所 y によらず一定である.

(6) $S(0)=0$ すなわち負荷端で反射波が生じないための条件は式 (8.50), (8.59) からそれぞれ

$$Z_L=Z_o,\ Z_L=R_o$$

であることがわかる.負荷インピーダンス Z_L が分布定数回路の特性インピーダンス $Z_o(R_o)$ に等しいときに反射波が生じなくて,入射波のすべてが負荷で吸収されることになる.

この条件を満足する負荷を特に**整合負荷**とか,**無反射負荷**とよんでいる.

---

* $\tanh \gamma l=\tanh(j\beta l)=j\tan\beta l$

8.4 定在波分布

(1) 回路が無損失である場合の電圧 $V(y)$,電流 $I(y)$ の y に対する変化の様子を考えてみよう(図8.15).

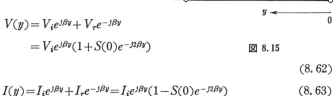

図 8.15

$$V(y) = V_i e^{j\beta y} + V_r e^{-j\beta y}$$
$$= V_i e^{j\beta y}(1+S(0)e^{-j2\beta y}) \tag{8.62}$$

$$I(y) = I_i e^{j\beta y} + I_r e^{-j\beta y} = I_i e^{j\beta y}(1-S(0)e^{-j2\beta y}) \tag{8.63}$$

である.

$V(y)$, $I(y)$ も複素数である.実際の現象は $V(y)e^{j\omega t}$, $I(y)e^{j\omega t}$ の実部をとればよい.したがって,$V(y)=|V(y)|\operatorname{Arg}V(y)$, $I(y)=|I(y)|\operatorname{Arg}I(y)$ とおくと

$$v(y, t) = \mathcal{R}\{V(y)e^{j\omega t}\}$$
$$= |V(y)|\cos(\omega t + \operatorname{Arg}V(y))$$
$$i(y, t) = |I(y)|\cos(\omega t + \operatorname{Arg}I(y))$$

である.

したがって,$|V(y)|$ と $\operatorname{Arg}V(y)$,$|I(y)|$ と $\operatorname{Arg}I(y)$ とがわかればよい.そうすると,まず式 (8.62), (8.63) で

$$1+S(0)e^{-j2\beta y}, \quad 1-S(0)e^{-j2\beta y}$$

がわかることが重要であることになる.

それは

$$|V(y)| = |V_i\|(1+S(0)e^{-j2\beta y})| \propto |1+S(0)e^{-j2\beta y}|$$
$$|I(y)| = |I_i\|(1-S(0)e^{-j2\beta y})| \propto |1-S(0)e^{-j2\beta y}|$$

および,$\operatorname{Arg}V(y)$,$\operatorname{Arg}I(y)$ については,それぞれの大きさは不必要で $\operatorname{Arg}V(y)-\operatorname{Arg}I(y)$ が必要なことが多いが,

$$\mathrm{Arg}\,V(y)-\mathrm{Arg}\,I(y)=\mathrm{Arg}\frac{V(y)}{I(y)}$$
$$=\mathrm{Arg}\Bigl(\frac{V_i}{I_i}\Bigr)+\mathrm{Arg}\frac{1+S(0)e^{-j2\beta y}}{1-S(0)e^{-j2\beta y}}$$

で，かつ，損失がない場合は $V_i/I_i=Z_C=R_C$ で $\mathrm{Arg}(V_i/I_i)=0$ であることからいえる．

(2) 次の順序で考えると $1+S(0)e^{-j2\beta y}$, $1-S(0)e^{-j2\beta y}$ は考えやすい．

(i) Z_L, R_C を用いて $S(0)$ を求める（図8.16(a)）．

(ii) 次に原点と $S(0)$ および原点と $-S(0)$ とを結ぶベクトルを $2\beta y$ だけ時計方向に回転させる（図8.16(b)）．

(iii) U軸の $(-1, 0)$ から $S(0)e^{-j2\beta y}$, $(-S(0))e^{-j2\beta y}$ にベクトル A, B を作る（図8.16(c)）．

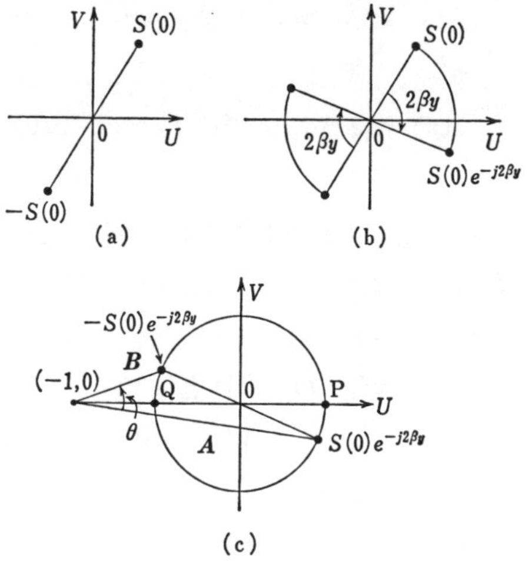

この A, B が

$$A=1+S(0)e^{-j2\beta y} \tag{8.64}$$

$$B=1-S(0)e^{-j2\beta y} \tag{8.65}$$

図 8.16

である．

y をいろいろに変えると $S(0)e^{-j2\beta y}$, $(-S(0))e^{-j2\beta y}$ は半径 $|S(0)|$ の円上を原点Oに対して対称にありながら回転してゆくことになる．

このとき $|A|$, $|B|$ をしらべると，それぞれ $|V(y)|$, $|I(y)|$ に比例し，ベクトルと A と B のなす角 θ（図(c)）を考えると，それが $\mathrm{Arg}\dfrac{V(y)}{I(y)}$ となっていることがわかる．

$2\beta y$ が 2π となると，$S(0)e^{-j2\beta y}$, $(-S(0))e^{-j2\beta y}$ はもとの位置にもどって

8.4 定在波分布

くるから，あとは同じことをくりかえす．したがって，

$$y = \frac{2\pi}{2\beta} = \frac{\lambda}{2} \tag{8.66}$$

すなわち，A, B は波長 λ の半分の間隔が周期の関数であることになる．

(3) 例をあげよう．

$Z_L = 2R_C$ の場合

$$S_0 = \frac{Z_L - R_C}{Z_L + R_C} = \frac{1}{3}$$

である．結果は図 8.17 となる．

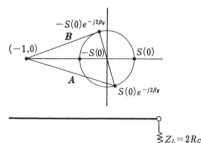

(4) このように電圧 $|V(y)|$ は最大値 $|V(y)|_{max}$ と最小値 $|V(y)|_{min}$ を間隔 $\left(\dfrac{\lambda}{4}\right)$ でくりかえすことになる．

この $|V(y)|$, $|I(y)|$ の y に対する分布を**定在波分布**とよんでいる．

また，$|V(y)|_{max}$, $|V(y)|_{min}$ の比を**定在波比 ρ** という．

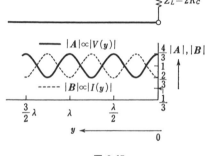

図 8.17

$$\rho = \frac{|V(y)|_{max}}{|V(y)|_{min}} \tag{8.67}$$

上の例では $\rho = 2$ である．

一般の場合にこの ρ は次のようになる．

図 8.16 で $|V(y)|_{max}$ は A が P と一致し，$|V(y)|_{min}$ は A が Q と一致したときに起きる．$|V(y)|_{max}$ のときは B が Q と一致するから $|I(y)|_{min}$，および $|V(y)|_{min}$ のときは B が P と一致するから $|I(y)|_{max}$ となることがわかる．

点 P，点 Q では A, B はそれぞれ次のようになる．

A が P のとき，B は Q，すなわち

$$A = 1 + |S(0)|, \quad B = 1 - |S(0)| \tag{8.68}$$

B が P のとき, A は Q すなわち

$$B = 1+|S(0)|, \quad A = 1-|S(0)| \tag{8.69}$$

したがって,

$$\rho = \frac{|V(y)|_{\max}}{|V(y)|_{\min}} = \frac{1+|S(0)|}{1-|S(0)|} \tag{8.70}$$

となる. これから ρ がわかると $|S(0)|$ がわかることになる.

(5) また, 式 (8.68), (8.69) から $|V(y)|$ が最大になる点 P では, A, B とは方向が同じ, すなわち $\theta=0$ であり, 電圧 $V(y)$ と電流 $I(y)$ は同相であるから, その点での入力インピーダンスは実数 (抵抗) のはずである.

同様に $|V(y)|$ が最小になる点 Q でも A, B のなす角 $\theta=0$ であるから, 入力インピーダンスは実数であるはずである. これらを求めてみると

点 P において

$$Z(P) = R_{\max} = \frac{V_i(1+|S(0)|)}{I_i(1-|S(0)|)} = R_c \rho \tag{8.71}$$

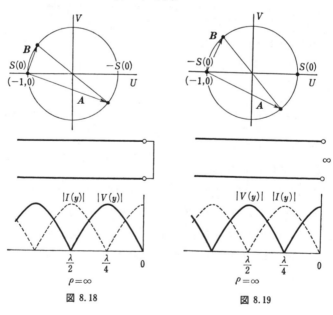

図 8.18　　　　　　　　　図 8.19

点 Q において

$$Z(Q) = R_{\min} = \frac{V_i(1-|S(0)|)}{I_i(1+|S(0)|)} = R_c \frac{1}{\rho} \tag{8.72}$$

となることがわかる.

この式 (8.71), (8.72) の事実は測定のさいによく用いられているが, その詳細ははぶく.

（6） 参考までに $Z_L=0$（短絡）, $Z_L=\infty$（開放）のときの定在波分布を示しておく.

$Z_L=0$ では $S(0)=-1$

$Z_L=\infty$ では $S(0)=1$

であるから, 定在波分布は図 8.18, 図 8.19 のようになる.

8.5 スミスチャート

以上のことから $S(0)$ がわかれば, $V(y)$ や $I(y)$ の分布を知ることができることはわかったであろう.

ところで $S(0)$ は

$$S(0) = \frac{Z_L - R_c}{Z_L + R_c} \tag{8.73}$$

で, 計算はむずかしくないが, そのたびに $S(0)$ を式 (8.73) から求めるのは面倒である.

また $S(0)$ がわかると $S(y)$ も

$$S(y) = S(0)e^{-j2\beta y} \tag{8.74}$$

としてこれも数式的には簡単に求まるが, 式 (8.73), (8.74) および

$$Z(y) = R_c \frac{1+S(y)}{1-S(y)} \tag{8.75}$$

を図式的に求める図表がスミスによって 1939 年に発表されている. それにつ

いて概略を述べておく．

（1）まず，式 (8.73) の形式では，Z_L が一定でも R_0 が変わると $S(0)$ の値が変わり，また R_0 が一定でも Z_L が変わると $S(0)$ が変わるということになっている．これではあまり具合がよくない．そこで $Z_L/R_0 = z_L$ とおくと $S(0)$ は

$$S(0) = \frac{z_L - 1}{z_L + 1} \tag{8.76}$$

と表わせる．この表現だと Z_L/R_0 がわかれば $S(0)$ が求まる．すなわち，前に具合がよくないと述べた場合が統一されて具合がよくなる．

このような表現を普遍的表現という．電気の方では z_L を規格化インピーダンスといっている．この規格化の考えを用いると，式 (8.58) も

$$z(l) = \frac{z_L + j \tan \beta l}{1 + j z_L \tan \beta l} \tag{8.77}$$

と，簡単になる．

また，式 (8.75) も

$$z(l) = \frac{1 + S(l)}{1 - S(l)} \tag{8.78}$$

となる．

したがって，規格化インピーダンス z と反射係数 S は

$$S = \frac{z - 1}{z + 1} \tag{8.79}$$

となる．

ここで

$$z = r + jx \tag{8.80}$$
$$S = U + jV \tag{8.81}$$

とおいて，z が決まると $S = U + jV$ がわかるというのが，スミスチャートの一つの特性である．

（2）そのために $r =$ 一定，x 可変，および $x =$ 一定，r 可変が $S = U + jV$

にどのような変化をもたらすかを知ることが必要になる.

$$U+jV=\frac{(r-1)+jx}{(r+1)+jx} \tag{8.82}$$

からこれらを求めると，

$r=$一定，x可変のときの(U, V)の軌跡は

$$\left(U-\frac{r}{r+1}\right)^2+V^2=\left(\frac{1}{r+1}\right)^2 \tag{8.83}$$

となる.

また，$x=$一定，r可変 $(r\geqq 0)$ のときの (U, V) の軌跡は

$$(U-1)^2+\left(V-\frac{1}{x}\right)^2=\left(\frac{1}{x}\right)^2 \tag{8.84}$$

$$r\geqq 0$$

となる.

この二つの式の軌跡を図に示すと図8.20のようになる.

したがって，$z=r+jx$ の S は r =一定，x可変の軌跡と，r可変，x =一定の軌跡の交点の (U, V) として求まる.

逆に $S=U+jV$ が与えられると (U, V) の点を通る r可変，$x=$一定の軌跡と，x可変，$r=$一定の軌跡の交点から r と x が求まり，$z=r+jx$ がわかる.

この図8.20を用いると，式(8.76) と式 (8.78) は図式的に計算できることになる.

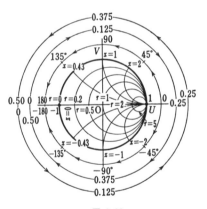

図 8.20

(3) 残りの式 (8.74) の関係の図式表現は，実は，$S(0)$ の大きさ $|S(0)|$ と $S(y)$ の大きさ $|S(y)|$ が等しいので，図上では $2\beta y$ の回転だけでよい. したがって，図8.20に分度器を加えておけばよいことになる．その分度器の

原点はどこでもよいのであるが、スミスチャートでは図8.20のようになっている。

このきざみは $2\beta y$ を角度でしてもよいし，その角度を表わすのに

$$2\beta y = 2\frac{2\pi}{\lambda}y = 4\pi\frac{y}{\lambda} \tag{8.85}$$

を用いて，$\frac{y}{\lambda}$ に対してきざんでもよい．

それらがスミスチャートには記されている．実際のものでは，r や x のきざみはもっと細かく，かつ分度器に相当するものは，もっと整理されて記入されている．

(4) このチャートを用いて，前に述べたインピーダンス $Z(l)$ が容易に求められることになる．

一例をあげよう．

図8.21 に示す $Z(l)$ を求めてみよう．まず，$R_c = 50\Omega$ から

$$z_L = 100/50 = 2 = r + jx$$

$r=2=$ 一定の曲線（円）と $x=0=$ 一定の直線の交点が $S(0)$ である．(U, V) 座標で読むと $(1/3, 0)$ である．

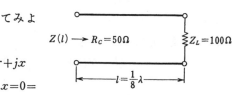

図 8.21

この $S(0)$ をOを中心にして $2\beta l = 2\frac{2\pi}{\lambda} \times \frac{1}{8}\lambda = \frac{\pi}{2}$ だけ回転させたものが $S(l)$ となる．この $S(l)$ を通る $r=$ 一定，$x=$ 一定の曲線（円）の r と x の値を読むと $r=0.8, \ x=-0.6$，すなわち $z(l) = 0.8 - j0.6$

これから

$$Z(l) = R_c z(l) = 50(0.8 - j0.6)$$

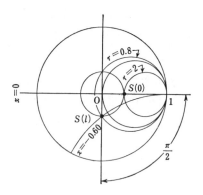

図 8.22

$$= 40 - j30\,\Omega$$

となる.

このチャートはその他種々のことに用いられるが，それらも式 (8.79) と式 (8.74) を図的に示したものがこのスミスチャートであることを認識していると理解できるであろう.

8.6 インピーダンス

特性抵抗 R_c, 位相定数 β, 長さ l の無損失分布定数回路の終端にインピーダンス Z_L の負荷を接続した場合の（入力）インピーダンス $Z(l)$ は，式 (8.61), 式 (8.77) で示された通りである.

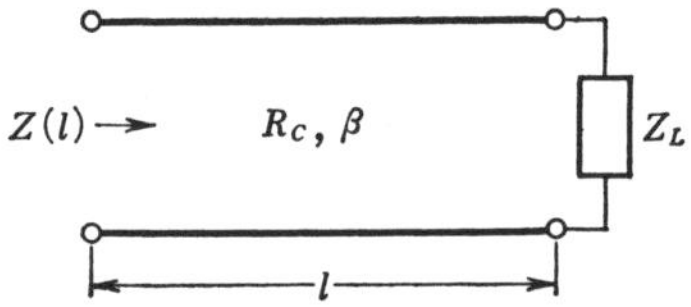

図 8.23

$$Z(l) = R_c \frac{Z_L + jR_c \tan\beta l}{R_c + jZ_L \tan\beta l} \tag{8.61}$$

$$z(l) = \frac{z_L + j\tan\beta l}{1 + jz_L \tan\beta l} \tag{8.77}$$

ただし, $z(l) = Z(l)/R_c$, $z_L = Z_I/R_c$

この式を用いれば，もしくはスミスチャートを用いれば，$Z(l)$, $z(l)$ を計算することはできる．ここではその中の特別な例について考えてみよう．

(1) $Z_L = R_c$, $z_L = 1$ のとき

(1-1) 負荷インピーダンスが回路の特性インピーダンスと一致したときは反射が生じないことは既に述べておいた．これをインピーダンスの面から見てみよう．

式 (8.61), (8.77) から

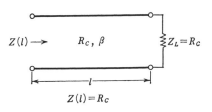

図 8.24

$$Z(l) = R_o$$
$$z(l) = 1 \tag{8.86}$$

と，l に無関係に入力インピーダンスは回路の特性インピーダンスに等しいことがわかる．

(1-2) このことは，反射係数 $S(0)=0$ から $V_r=0$ を用いると，式 (8.62)，(8.63) から

$$V(l) = V_i e^{j\beta l}$$
$$I(l) = \frac{1}{R_o} V_i e^{j\beta l}$$

であるので，

$$Z(l) = \frac{V(l)}{I(l)} = R_o$$

とも導くことができる．

(1-3) 一方，図 8.25 のように無限に長い回路を考えると，電源 $E(t)$ からまず x の正方向に進む電圧，電流が発生し，それが回路を伝搬してゆくが，いつまでいっても回路が無限長であるから，反射波が生じることはない．

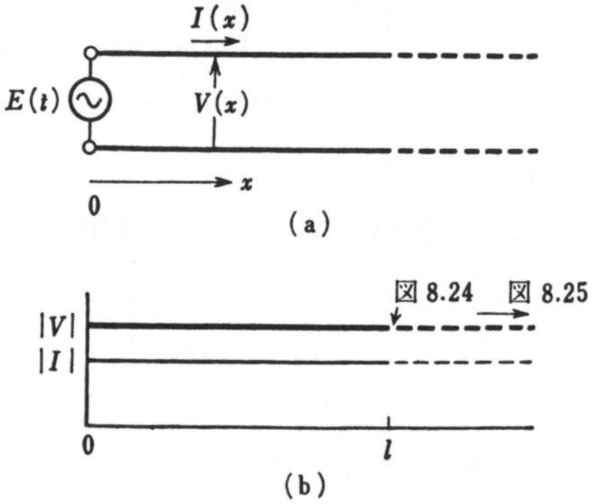

したがって，点 x での電圧 $V(x)$，電流 $I(x)$ は，x の正の方向に伝搬するものだけとなる．

$$V(x) = V_i e^{-j\beta x}$$
$$I(x) = \frac{1}{R_o} V_i e^{-j\beta x}$$

図 8.25

したがって，x で右を見こむ入力インピーダンス $Z(x)$ は

8.6 インピーダンス

$$Z(x) = \frac{V(x)}{I(x)} = R_c$$

と，やはり x に無関係に一定で R_c となる．以上のことから，図 8.24，図 8.25 の回路上の $|V(x)|$，$|I(x)|$ はどこでも一定であることにもなる．

(2) $Z_L = 0$, $z_l = 0$ のとき

式 (8.77) から

$$z(l) = r + jx = j\tan\beta l \qquad (8.87)$$

$$x = \tan\beta l = \tan\left(\frac{2\pi}{\lambda}l\right)$$

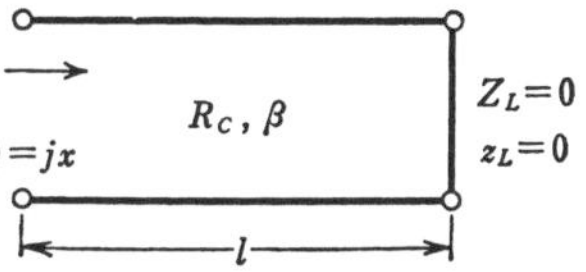

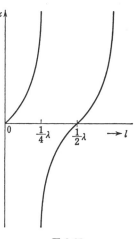

図 8.26

したがって，規格化入力インピーダンスはリアクタンス x のみで，その値は λ や l で変化することになる．

その様子を図 8.27 に示す．

終端を短絡して，l だけ離れて回路を見こむと，もはや回路のインピーダンスは 0 と異なってくることがわかる．l にくらべて，波長 λ が $\lambda \gg l$ であると，$2\pi l/\lambda \ll 1$ であるから $x \doteqdot 0$ と見なせるが，この条件が成り立たないと，$x \neq 0$ となってくることがわかる．

たとえば，$l = \frac{1}{4}\lambda$ となると $x = \infty$ で，開放となるのである．

また，$x > 0$, $x = \infty$, $x < 0$ すなわち，**インダクティブ，開放，キャパシティブ**な x を作ろうとすると，それぞれ

図 8.27

$$\left.\begin{array}{ll} x > 0, & 0 < l < \dfrac{\lambda}{4} \\ x = \infty & l = \dfrac{\lambda}{4} \\ x < 0 & \dfrac{\lambda}{4} < l < \dfrac{\lambda}{2} \end{array}\right\} \qquad (8.88)$$

(ただし，$l > \frac{\lambda}{2}$ は考えない)

となることがわかる．すなわち，終端短絡の分布定数回路を用いて，インダクティブ，キャパシティブ素子（集中定数回路素子の，それぞれ L, C に対応するもの）が得られるのである．

高い周波数で，λ が短くなると，集中定数素子の L や C は得にくくなってくる．そのために，上に述べたようなものが用いられるのであり，実用上大変重要なものとなっている．

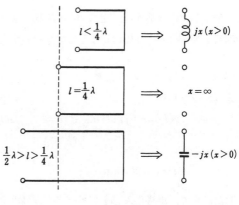

図 8.28

(3) 図 8.29 に示すように，任意の $y=l$ とそれから $\frac{1}{4}\lambda$ だけ離れた $y=l+\frac{1}{4}\lambda$ での入力インピーダンスを考えてみよう．

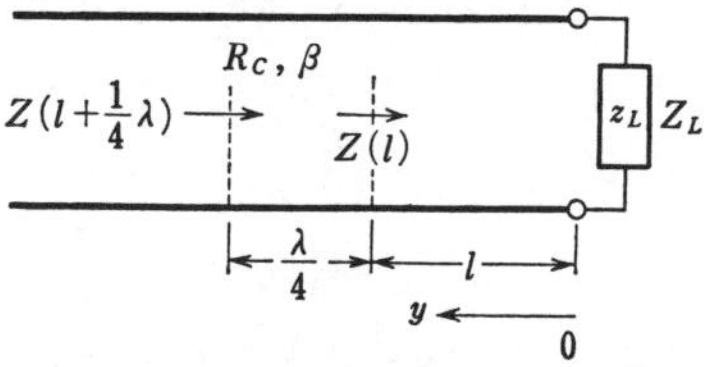

$$z(l) = \frac{z_L + j\tan\beta l}{1 + jz_L \tan\beta l} \qquad (8.89)$$

図 8.29

$$z\left(l+\frac{1}{4}\lambda\right) = \frac{z_L + j\tan\beta\left(l+\frac{1}{4}\lambda\right)}{1 + jz_L \tan\beta\left(l+\frac{1}{4}\lambda\right)} \qquad (8.90)$$

ここで $\beta\left(l+\frac{1}{4}\lambda\right) = \beta l + \frac{1}{4}\lambda \cdot \frac{2\pi}{\lambda} = \beta l + \frac{\pi}{2}$ および $\tan\left(\beta l + \frac{\pi}{2}\right) = -\cot\beta l$ を用いて上式を変形すると

$$z(l) \times z\left(l+\frac{1}{4}\lambda\right) = 1 \qquad (8.91)$$

がわかる.このように$\frac{1}{4}\lambda$離れた点での規格化インピーダンス間には逆数関係があることがわかる.$Z(l)$, $Z(l+\frac{1}{4}\lambda)$の間には

$$Z(l)\cdot Z(l+\frac{1}{4}\lambda)=R_c{}^2 \tag{8.92}$$

の関係がある.

(4) 式(8.91)をくりかえし用いると,

$$z(l)\cdot z(l+\frac{1}{4}\lambda)=1$$

$$z(l+\frac{1}{4}\lambda)\cdot z(l+\frac{1}{4}\lambda+\frac{1}{4}\lambda)=z(l+\frac{1}{4}\lambda)\cdot z(l+\frac{1}{2}\lambda)=1$$

から

$$\begin{aligned}z(l+\frac{\lambda}{2})&=z(l)\\Z(l+\frac{\lambda}{2})&=Z(l)\end{aligned} \tag{8.93}$$

となり,$\frac{\lambda}{2}$だけ離れると入力インピーダンスは同じであることになる.

このことは,定在波分布のところでも述べたことと関係があって,A, B が $\frac{\lambda}{2}$ごとに同じ値をとることに内容的には一致するのである(p.172と173).

8.7 整 合 回 路

図8.30(a)に示すように R_C, β の分布定数回路と $R_L(\neq R_C)$ の負荷があるとしよう.

このまま接続すると,反射が生じる.その反射係数 $S(0)$ は

$$S(0)=\frac{R_L-R_C}{R_L+R_C}$$

である.そうするとせっかくの入射波の電力が負荷に全部は入らずに,一部が反射されてしまうことになる.そこで,図8.30(b)に示すように,位相速度 β は同一で,特性インピーダンス R_x の無損失の回路を $\frac{1}{4}\lambda$ の長さ挿入したも

のを考えてみよう．AA′ から右を見た入力インピーダンス $Z_{AA'}$ と $Z_{BB'} = R$ との間には，AとBとが $\frac{1}{4}\lambda$ 離れているから，式 (8.92) の関係がある．

$$Z_{AA'} Z_{BB'} = R_x^2 \qquad (8.94)$$

ところで，この $Z_{AA'}$ が R_G と等しいとすると，AA′ では反射は生じない．すなわち，入射電力は全部 $Z_{AA'}$ で消費されることになる．しかるに，$Z_{AA'}$ は無損失 $\frac{1}{4}$ 波長回路と R_L とで構成されているから，電力の消費は R_L で行

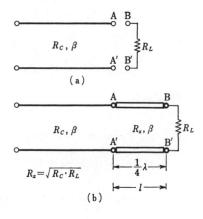

図 8.30

なわれるだけである．したがって，入射電力のすべてを R_L に供給できるようになる．この $\frac{1}{4}$ 波長無損失回路を特に整合回路とよんでいる（2章で述べた理想トランスと同じような働きをしていることになる．しかし，高い周波数では近似的にでも現実のものでは理想トランスを構成し得なくなる．そのために，以上の $\frac{1}{4}$ 波長整合回路が考えられたのである）．

したがって，

$$Z_{AA'} = R_G$$

とおくことで，

$$R_x = \sqrt{R_L \cdot R_G} \qquad (8.95)$$

と選べばよいことがわかる．

長さを $l = \frac{1}{4}\lambda$ にえらんでいるから，もし入射波の周波数が変わって波長 λ が変わると，それにしたがって l を変化させなければならない．

もし $\lambda = \lambda_0$ に対して $l_0 = \frac{1}{4}\lambda_0$ と固定してしまうと，$\lambda_1 = \frac{\lambda_0}{2}$ の λ_1 に対しては

$$l_0 = \frac{1}{4}\lambda_0 = \frac{1}{2}\lambda_1$$

となり，λ_1 の波長の $\frac{1}{2}$ となってしまう．そうすると，式 (8.93) から λ_1 の波

長の入射波に対しては $Z_{AA'}=Z_{BB'}=R_L$ となって，AA' で反射が生じることになる．このようなことを $\frac{1}{4}$ **波長整合回路**は周波数特性がよくないと表現している．

周波数特性をよくするための工夫や，他の形式の整合回路もあるが，はぶくことにする．

問 題

(1) 本文中（p.159）の波動方程式の解が式 (8.17) で与えられることを示せ．

(2) (i) 本文中（p.156）で与えた同軸線，平行2線の L, C において，$\varepsilon=\varepsilon_0$(真空), $\mu=\mu_0$(真空) としたときの，位相定数 β はいくらか．
(ii) $\dfrac{1}{\sqrt{\varepsilon_0\mu_0}} \fallingdotseq 3\times 10^8 [\mathrm{m/s}]=c$（真空中の光の速さ）であるが，(i) の場合，位相速度はいくらか．
(iii) 周波数 f の波長 λ は真空中では
$\quad f\lambda=c$ である．
$\quad f=1\,\mathrm{Hz}, f=1\,000\,\mathrm{kHz}$（放送波）
$\quad f=80\,\mathrm{MHz}$（FM放送），$f=150\,\mathrm{MHz}$（VHF テレビ），
$\quad f=600\,\mathrm{MHz}$（UHF テレビ）
$\quad f=4\,000\,\mathrm{MHz}$（マイクロ波通信），$f=60\,\mathrm{GHz}$（ミリ波）
の波長 λ を求めよ．

(3) $Z_C=R_C$, $Z_L=R_L$, $z_L=\dfrac{R_L}{R_C}$ とするとき $z_L=0, 0.2, 0.5, 1, 2, 5, \infty$ のときの $S(0)$ を求めよ．また定在波比はいくらか．

(4) 無損失の分布定数回路（特性インピーダンス $Z_C=R_C$ となる）の負荷が $Z_L=R_L+jX_L (R_L\geqq 0)$ であるとする．任意の点での反射係数 S の大きさが $|S|\leqq 1$ であることを示し，その物理的意味を考えよ．

(5) 定在波比 ρ が $1, 2, 5, \infty$ とすると，反射係数 S の大きさはいくらか．

(6) 本文中 (p.174) で示した $Z_L=0, \infty$ のときの定在波分布を自分で出してみよ．

(7) 無損失分布定数回路の負荷を短絡して，$50\,\Omega$ のリアクタンスを作りたい（図 8.31）．

この分布定数回路の位相速度は $c=3\times10^8$ [m/sec] とし, 特性抵抗 $R_c=50\,\Omega$ とする.
$f=600$ MHz では長さ l はいくらになるか.

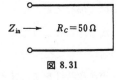

図 8.31

(8) (i) 負荷インピーダンス $R_L=20\,\Omega$ を特性インピーダンス $R_c=50\,\Omega$ の無損失分布定数回路に整合させたい. $\dfrac{1}{4}$ 波長整合回路を用いるとすると, 周波数 100 MHz では, 特性抵抗 R_x と長さ l はいくらであるか (図 8.32).

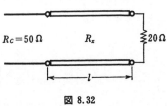

図 8.32

ただし, ここで用いる分布定数回路の位相速度は $c=3\times10^8$ [m/s] とする.

(ii) この長さに l を固定したとき, $f=200$ MHz, $f=300$ MHz, 400 MHz ではいくらの反射係数となるか.

第9章

回路の表現形式

9.1 はじめに

 8章までにおいて集中定数回路,分布定数回路について種々学んできた.
ここでは,これらの回路の表現形式についてまとめて述べることにする.
 一般に電気回路は L, C, R のような集中定数素子や,特性インピーダンス Z_0 と伝搬定数 γ の分布定数回路と電源とが接続されてできあがっている.
 そのときに興味の対象が,ある二つの端子間の電圧,電流だけである場合とか,二つの2端子間の電圧,電流の関係である場合とか,いろいろあるであろう.注目する端子だけに目をつけて回路をながめることにすれば,図9.1に示すような表現をすることができる.(a),(b)のように表わしたとき,(a)を2端子回路,(b)を4端子回路とよぶことにする.
 N の中に電源が全く含まれていないときを考える.
 (a)の方の V と I との関係は,それらの時間変化を複素正弦波交流 $e^{j\omega t}$ とすると,

$$V = ZI \qquad (9.1)$$

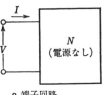

2端子回路　(a)

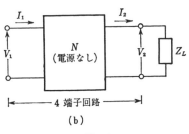

(b)

図 9.1

$$I = YV \tag{9.2}$$

のようにインピーダンス Z,アドミタンス Y で,オームの法則の形式で表わされる.

2端子回路にはこれ以外の表現はない.

以下に4端子回路の表現について述べよう.以下に述べる4端子回路の把握の仕方は1920年からはじまったものである.

9.2 4端子回路

(1) 図9.2は,3章のフィルタのところで述べたものである.この回路を図のように考えて N として,L と C の組み合わせを考えておく.

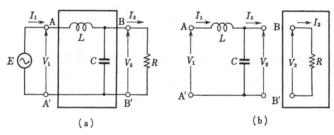

図 9.2

このときの V_1, I_1, V_2, I_2 の関係を N の中に含まれている L, C を用いて表現してみよう.そのために,もっとわかりやすく図9.2 (b) のように N と端子での電圧,電流だけを書いてもよいであろう.

こうすると,端子 BB′ は開放されているから $I_2 = 0$ であろうと考えるかもしれないが,これは実は図 (a) の状態では B の端子のところに I_2 が流れているが(すなわち,BB′ 間に負荷が接続されている状態),それをそのまま頭の中で分離しただけのことであって,(b) の右にかこんで書いてあるものがちゃんと別にあって I_2 は連続につながるのである.

ここで V_2, I_2, V_1, I_1 の関係を書くと,キルヒホッフの法則から

9.2 4端子回路

$$\begin{cases} V_1 = V_2 + j\omega L\, I_1 & (9.3) \\ I_1 = I_2 + j\omega C\, V_2 & (9.4) \end{cases}$$

となる.

これらの式を変形すると，次の三つの形式ができる.

$$\begin{cases} V_1 = \left(j\omega L + \dfrac{1}{j\omega C}\right)I_1 + \left(-\dfrac{1}{j\omega C}\right)I_2 \\ V_2 = \left(\dfrac{1}{j\omega C}\right)I_1 + \left(-\dfrac{1}{j\omega C}\right)I_2 \end{cases} \quad (9.5)$$

行列表現では

$$\begin{pmatrix} V_1 \\ V_2 \end{pmatrix} = \begin{pmatrix} j\omega L + \dfrac{1}{j\omega C} & -\dfrac{1}{j\omega C} \\ \dfrac{1}{j\omega C} & -\dfrac{1}{j\omega C} \end{pmatrix} \begin{pmatrix} I_1 \\ I_2 \end{pmatrix} \quad (9.6)$$

$$\begin{cases} I_1 = \left(\dfrac{1}{j\omega L}\right)V_1 + \left(-\dfrac{1}{j\omega L}\right)V_2 \\ I_2 = \left(\dfrac{1}{j\omega L}\right)V_1 + \left(-\dfrac{1}{j\omega L} - j\omega C\right)V_2 \end{cases} \quad (9.7)$$

行列表現では

$$\begin{pmatrix} I_1 \\ I_2 \end{pmatrix} = \begin{pmatrix} \dfrac{1}{j\omega L} & -\dfrac{1}{j\omega L} \\ \dfrac{1}{j\omega L} & -\dfrac{1}{j\omega L} - j\omega C \end{pmatrix} \begin{pmatrix} V_1 \\ V_2 \end{pmatrix} \quad (9.8)$$

最後は

$$\begin{cases} V_1 = (1 - \omega^2 LC) V_2 + j\omega L\, I_2 \\ I_1 = j\omega C\, V_2 + I_2 \end{cases} \quad (9.9)$$

行列表現では

$$\begin{pmatrix} V_1 \\ I_1 \end{pmatrix} = \begin{pmatrix} 1 - \omega^2 LC & j\omega L \\ j\omega C & 1 \end{pmatrix} \begin{pmatrix} V_2 \\ I_2 \end{pmatrix} \quad (9.10)$$

である．この三つは同一の電気現象を表わしてはいるが，その表現には違いがある．式 (9.5), (9.6) は両端子の電流 I_1, I_2 によって両端子の電圧 V_1, V_2 を，式 (9.7), (9.8) は両端子の電圧 V_1, V_2 によって両端子の電流 I_1, I_2 を，式 (9.9), (9.10) は一方の端子の V_2, I_2 によって他方の端子の V_1, I_1 を表わ

す形式となっている。

（2）図9.3のように一般の場合にも，この三つの表現が考えられる。それを次のように書く．

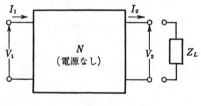

図 9.3

(2-1)
$$\begin{cases} V_1 = Z_{11}I_1 + Z_{12}I_2 \\ V_2 = Z_{21}I_1 + Z_{22}I_2 \end{cases} \tag{9.11}$$

$$\begin{pmatrix} V_1 \\ V_2 \end{pmatrix} = \begin{pmatrix} Z_{11} & Z_{12} \\ Z_{21} & Z_{22} \end{pmatrix} \begin{pmatrix} I_1 \\ I_2 \end{pmatrix} \tag{9.12}$$

$$\begin{pmatrix} V_1 \\ V_2 \end{pmatrix} = (V), \quad \begin{pmatrix} Z_{11} & Z_{12} \\ Z_{21} & Z_{22} \end{pmatrix} = (Z), \quad \begin{pmatrix} I_1 \\ I_2 \end{pmatrix} = (I) \tag{9.13}$$

とおくと

$$(V) = (Z)(I) \tag{9.14}$$

(2-2)
$$\begin{cases} I_1 = Y_{11}V_1 + Y_{12}V_2 \\ I_2 = Y_{21}V_1 + Y_{22}V_2 \end{cases} \tag{9.15}$$

$$\begin{pmatrix} I_1 \\ I_2 \end{pmatrix} = \begin{pmatrix} Y_{11} & Y_{12} \\ Y_{21} & Y_{22} \end{pmatrix} \begin{pmatrix} V_1 \\ V_2 \end{pmatrix} \tag{9.16}$$

$$\begin{pmatrix} Y_{11} & Y_{12} \\ Y_{21} & Y_{22} \end{pmatrix} = (Y) \tag{9.17}$$

とおくと

$$(I) = (Y)(V) \tag{9.18}$$

(2-3) また

$$\begin{cases} V_1 = AV_2 + BI_2 \\ I_1 = CV_2 + DI_2 \end{cases} \tag{9.19}$$

$$\begin{pmatrix} V_1 \\ I_1 \end{pmatrix} = \begin{pmatrix} A & B \\ C & D \end{pmatrix} \begin{pmatrix} V_2 \\ I_2 \end{pmatrix} \tag{9.20}$$

9.2 4端子回路

$$\begin{pmatrix} A & B \\ C & D \end{pmatrix} = (F) \tag{9.21}$$

とおくと

$$\begin{pmatrix} V_1 \\ I_1 \end{pmatrix} = (F) \begin{pmatrix} V_2 \\ I_2 \end{pmatrix} \tag{9.22}$$

式 (9.13) の (Z) を**インピーダンス行列**,式 (9.17) の (Y) を**アドミタンス行列**,式 (9.21) の (F) を **F 行列**とよんでいる.

電圧 V_1, V_2, 電流 I_1, I_2 もまとめて

$$(V) = \begin{pmatrix} V_1 \\ V_2 \end{pmatrix} \qquad (I) = \begin{pmatrix} I_1 \\ I_2 \end{pmatrix}$$

とベクトルで表わすと,4端子回路の記述も式 (9.14),(9.18) のように,2端子回路の記述式 (9.1),(9.2) と形式的に同一にすることができる.これは $2n$ 端子になっても同様である.

このような表現ができるのは,回路が線形回路だからである.

式 (9.22) の表現形式は,2端子のときにはなかった.これは 4 端子回路に特に有用なものである.

(3) さて,図 9.2 (b) の例では (Z), (Y), (F) も具体的に式 (9.6),(9.8),(9.10) と求まっている.ここではじめの (a) にもどろう.

BB' の右側に R が接続されていることから

$$V_2 = I_2 R \tag{9.23}$$

である.そうすると,式 (9.19) から

$$V_1 = AV_2 + \frac{B}{R} V_2 = \left(A + \frac{B}{R} \right) V_2$$

すなわち,

$$\frac{V_2}{V_1} = \frac{R}{AR+B} = \frac{R}{(1-\omega^2 LC)R + j\omega L} \tag{9.24}$$

と求まる.また AA' 端の入力インピーダンスは

$$\frac{V_1}{I_1} = \frac{AV_2 + BI_2}{CV_2 + DI_2} = \frac{AR+B}{CR+D} = \frac{(1-\omega^2 LC)R + j\omega L}{(j\omega C)R + 1} \tag{9.25}$$

となる. $\underline{\underline{C}}$ は行列要素の $\underline{\underline{C}}$ であり, コンデンサの C とまちがえないように.

式 (9.24) は以前にキルヒホッフの法則を用いて直接解いたものと一致している (式 (3.49)).

(4) 次に図 9.4 の分布定数回路の (F) 行列を考えてみよう.

回路の基本式の解から (式 (8.38), (8.39))

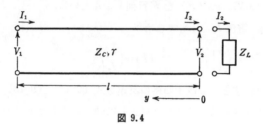

図 9.4

$$V(y) = V_i e^{\gamma y} + V_r e^{-\gamma y} \tag{9.26}$$

$$I(y) = \frac{1}{Z_0}(V_i e^{\gamma y} - V_r e^{-\gamma y}) \tag{9.27}$$

ここで $y=0$ とすると $V(0)=V_2$, $I(0)=I_2$ である.

$$V_2 = V_i + V_r \tag{9.28}$$

$$I_2 = \frac{1}{Z_0}(V_i - V_r) \tag{9.29}$$

$y=l$ とすると $V(l)=V_1$, $I(l)=I_1$ である.

$$V_1 = V_i e^{\gamma l} + V_r e^{-\gamma l} \tag{9.30}$$

$$I_1 = \frac{1}{Z_0}(V_i e^{\gamma l} - V_r e^{-\gamma l}) \tag{9.31}$$

ここで

$$e^{\gamma l} = (\cosh \gamma l + \sinh \gamma l)$$
$$e^{-\gamma l} = (\cosh \gamma l - \sinh \gamma l)$$

を用いると

$$V_1 = (V_i + V_r)\cosh \gamma l + (V_i - V_r)\sinh \gamma l$$

$$I_1 = \frac{1}{Z_0}(V_i - V_r)\cosh \gamma l + \frac{1}{Z_0}(V_i + V_r)\sinh \gamma l$$

で, 式 (9.28), (9.29) を代入すると

$$V_1 = V_2 \cosh \gamma l + I_2 Z_C \sinh \gamma l$$

$$I_1 = V_2 \left(\frac{1}{Z_C}\sinh \gamma l\right) + I_2 \cosh \gamma l$$

すなわち,

$$(F) = \begin{pmatrix} \cosh \gamma l & Z_C \sinh \gamma l \\ \dfrac{1}{Z_C}\sinh \gamma l & \cosh \gamma l \end{pmatrix} \tag{9.32}$$

となる.

　この表現は端子の電圧, 電流に目をむけるもので, その回路に大きさがあるとかないとかは, 考えのなかに入っていない.

　以下 (Z), (Y), (F) についてもう少し詳しく述べてみる.

9.3 (Z) 行列, (Y) 行列

（1） 4端子回路をインピーダンス行列, アドミタンス行列で表現するときは, 図9.1 (b) のような電流 I_2 よりも, 実は図9.5 の I_2 を正とする方が望ましい.

　ここでは, このようにしよう. すると図9.2 (b) の例では, 式 (9.5), (9.7) で I_2 の代わりに $-I_2$ とおけばよいことから

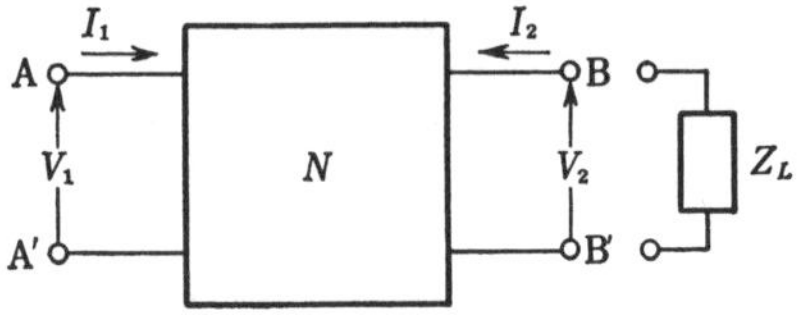

図 9.5

$$(Z) = \begin{pmatrix} j\omega L + \dfrac{1}{j\omega C} & \dfrac{1}{j\omega C} \\ \dfrac{1}{j\omega C} & \dfrac{1}{j\omega C} \end{pmatrix} \tag{9.33}$$

$$(Y) = \begin{pmatrix} \dfrac{1}{j\omega L} & -\dfrac{1}{j\omega L} \\ -\dfrac{1}{j\omega L} & j\omega C + \dfrac{1}{j\omega L} \end{pmatrix} \tag{9.34}$$

となる.

(2) 一般に

$$(Z) = \begin{pmatrix} Z_{11} & Z_{12} \\ Z_{21} & Z_{22} \end{pmatrix} \tag{9.35}$$

としたとき,Z_{11}, Z_{12}, Z_{21}, Z_{22} はどうしたら求まるであろうか.

これらの定義から

$$V_1 = Z_{11}I_1 + Z_{12}I_2$$
$$V_2 = Z_{21}I_1 + Z_{22}I_2$$

であるから,$I_2=0$ となるように,すなわち,$Z_L=\infty$(このことを BB′ を開放するという),とすれば,そのとき

$$Z_{11} = \left.\frac{V_1}{I_1}\right|_{I_2=0} \tag{9.36}$$

$$Z_{21} = \left.\frac{V_2}{I_1}\right|_{I_2=0} \tag{9.37}$$

として Z_{11}, Z_{21} が求まる.同様に AA′ を開放すれば

$$Z_{22} = \left.\frac{V_2}{I_2}\right|_{I_1=0} \tag{9.38}$$

$$Z_{12} = \left.\frac{V_1}{I_2}\right|_{I_1=0} \tag{9.39}$$

と求まる.

図 9.6 は図 9.2 と同一であるが,この回路で,BB′ を開放して式 (9.36),(9.37) の値を求めると,

$$Z_{11} = j\omega L + \frac{1}{j\omega C}$$

$$Z_{21} = \frac{V_2}{I_1} = \frac{1}{j\omega C}$$

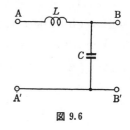

図 9.6

また,AA′ を開放して Z_{22}, Z_{12} を求めてみると

$$Z_{22} = \frac{1}{j\omega C}, \quad Z_{12} = \frac{1}{j\omega C}$$

となり,式 (9.33) が求まる.

(3) (Y) についても同様に考えると，図9.5で

$$I_1 = Y_{11}V_1 + Y_{12}V_2$$
$$I_2 = Y_{21}V_1 + Y_{22}V_2$$

から，今度は $V_2=0$（すなわち $Z_L=0$ とすることで，端子 BB′ を短絡するという）とすると

$$Y_{11} = \frac{I_1}{V_1}\bigg|_{V_2=0} \tag{9.40}$$

$$Y_{21} = \frac{I_2}{V_1}\bigg|_{V_2=0} \tag{9.41}$$

次に端子 AA′ を短絡して

$$Y_{22} = \frac{I_2}{V_2}\bigg|_{V_1=0} \tag{9.42}$$

$$Y_{12} = \frac{I_1}{V_2}\bigg|_{V_1=0} \tag{9.43}$$

と求まる.

図9.7(a), (b) で Y_{11}, Y_{21}, Y_{22}, Y_{12} を求めると

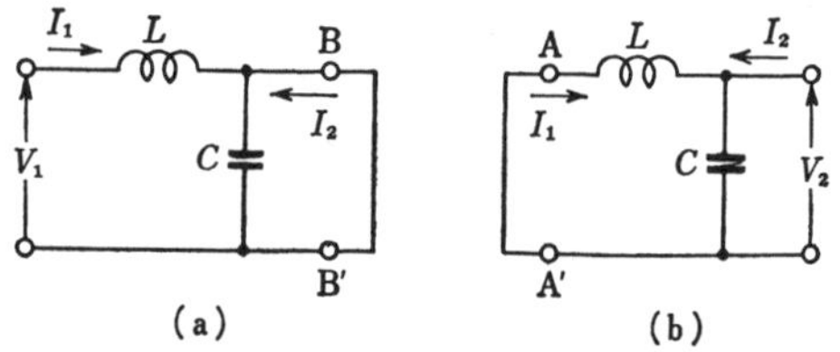

$$Y_{11} = \frac{1}{j\omega L}$$

$$Y_{21} = \frac{I_2}{V_1} = \frac{-I_1}{V_1}$$

$$= -\frac{1}{j\omega L}$$

$$Y_{22} = j\omega C + \frac{1}{j\omega L} \qquad Y_{12} = \frac{I_1}{V_2} = -\frac{1}{j\omega L}$$

図 9.7

で，式 (9.34) と一致する．

(Z), (Y) の要素の次元は，それぞれ 〔Ω〕, 〔℧〕である．

(4) 図9.8 (a), (b) を4端子回路 N_1, N_2 の **直列接続**, **並列接続** という．それぞれのインピーダンス行列を (Z_1), (Z_2), アドミタンス行列を (Y_1), (Y_2) とすると

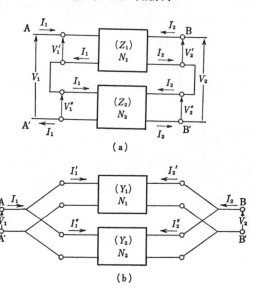

図 9.8

(4-1) (a) の AA′, BB′ 間の合成回路のインピーダンス行列 (Z) は

$$(Z)=(Z_1)+(Z_2) \qquad (9.44)$$

(4-2) (b) の AA′, BB′ 間の合成回路のアドミタンス行列 (Y) は

$$(Y)=(Y_1)+(Y_2) \qquad (9.45)$$

となることは, (a) では電流 I_1, I_2 が共通で, 電圧が

$$V_1=V_1'+V_1'', \ V_2=V_2'+V_2''$$

となること, (b) では電圧 V_1, V_2 が共通で, 電流が

$$I_1=I_1'+I_1'', \ I_2=I_2'+I_2''$$

となることから容易にわかるであろう.

このように (Z), (Y) はそれぞれ直列接続, 並列接続のときに便利である.

このことは, 2端子回路におけるインピーダンス Z, アドミタンス Y の4端子回路への拡張と考えられるであろう.

9.3 (Z)行列,(Y)行列

(5) アドミタンス行列 (Y) を用いる例をあげておこう.

図9.9の回路で BB′ は開放としておく.この回路は**並列T回路**とよばれ帯域阻止フィルタ,狭帯域増幅回路,発振器の帰還回路としてしばしば用いられている.

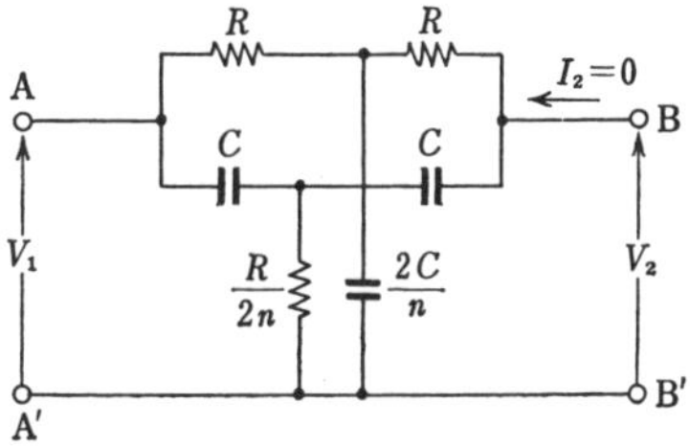

この回路の V_1/V_2 を求めてみよう.これは図9.10のように二つの4端子回路の並列接続と見なされる.それら N_1, N_2 のアドミタンス行列を (Y') (Y'') とおく.

合成のアドミタンス行列 (Y) は式(9.45)から

$$(Y)=(Y')+(Y'')$$

である.

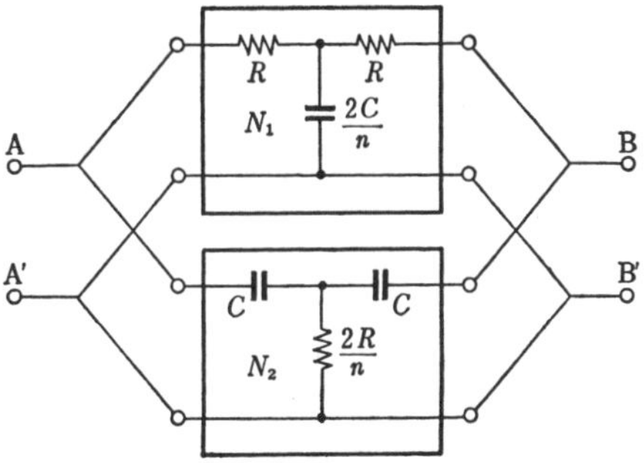

$$(Y)=\begin{pmatrix} Y_{11} & Y_{12} \\ Y_{21} & Y_{22} \end{pmatrix}$$

とすると $I_2=0$ であるという仮定から,

$$I_2=Y_{21}V_1+Y_{22}V_2=0$$

したがって,

$$\frac{V_2}{V_1}=-\frac{Y_{21}}{Y_{22}} \qquad (9.46)$$

これから Y_{21} と Y_{22} だけがわかればよい.

しかるに,

$$Y_{21}=Y_{21}'+Y_{21}''$$
$$Y_{22}=Y_{22}'+Y_{22}''$$

であるから,Y_{21}', Y_{22}', Y_{21}'', Y_{22}'' だけを N_1, N_2 について求めてみよう.この方法としては,前に述べておいた式 (9.41), (9.42) を用いたらよい.

図 9.11 (a), (b), (c), (d) から

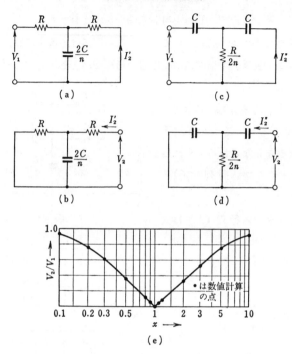

図 9.11

$$Y_{21}' = \frac{-1}{2R} \frac{1}{1+j\omega\dfrac{CR}{n}}$$

$$Y_{22}' = \frac{1}{2R} \frac{1+j\omega\dfrac{2CR}{n}}{1+j\omega\dfrac{CR}{n}}$$

$$Y_{21}'' = \frac{(\omega C)^2 \dfrac{R}{2n}}{1+j\omega\dfrac{CR}{n}}$$

$$Y_{22}'' = \frac{j\omega C\left(1+j\dfrac{\omega CR}{2n}\right)}{1+j\omega\dfrac{CR}{n}}$$

これらから

$$\frac{V_2}{V_1} = \frac{1 - \frac{(\omega CR)^2}{n}}{1 - \frac{(\omega CR)^2}{n} + j\omega 2CR\left(1 + \frac{1}{n}\right)} \tag{9.47}$$

となる.

ここで $\omega_0 = \frac{\sqrt{n}}{CR}$, $\frac{\omega}{\omega_0} = x$ とおくと,

$$\frac{V_2}{V_1} = \frac{x^2 - 1}{x^2 - 1 - j2x\frac{n+1}{\sqrt{n}}} \tag{9.48}$$

$$\left|\frac{V_2}{V_1}\right| = \frac{|x^2 - 1|}{\sqrt{(x^2 - 1)^2 + \left(2x\frac{n+1}{\sqrt{n}}\right)^2}} \tag{9.49}$$

となる. $x=1$ すなわち $\omega=\omega_0$ において $V_2=0$ となることがわかる.
$n=1$ のときの $\left|\frac{V_2}{V_1}\right|$ を図9.11(e)に示しておく. $x=1$ の近くでの $|V_2/V_1|$ の落込みが鋭い.

9.4 （F）行列

（1） F行列の要素 A, B, C, D はどうやって求められるであろうか.
このときには I の正の向きは,図9.12のようにとる方がよい.これは図9.3と同じである.

（F）行列の定義から
$$V_1 = AV_2 + BI_2$$
$$I_1 = CV_2 + DI_2$$

である.

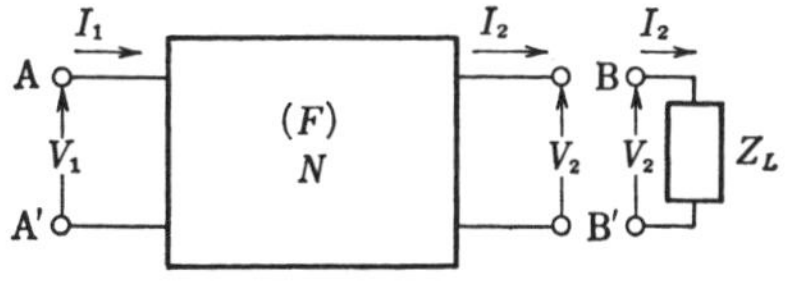

図 9.12

ここで $I_2=0$, すなわち BB′ を開放にしておけば（$Z_L=\infty$）,そのときの V_2 を用いて

$$A = \left.\frac{V_1}{V_2}\right|_{I_2=0} \tag{9.50}$$

$$C = \frac{I_1}{V_2}\bigg|_{I_2=0} \tag{9.51}$$

となる.次に $V_2=0$ すなわち BB′ を短絡すれば ($Z_L=0$),そのときの I_2 を用いて

$$B = \frac{V_1}{I_2}\bigg|_{V_2=0} \tag{9.52}$$

$$D = \frac{I_1}{I_2}\bigg|_{V_2=0} \tag{9.53}$$

と求まることがわかる.

(2) 図9.6の場合には,図9.13のように考えればよい.

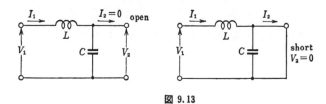

図 9.13

したがって

$$A = \frac{j\omega L + \dfrac{1}{j\omega C}}{\dfrac{1}{j\omega C}} = 1 - \omega^2 LC$$

$$\underline{C} = j\omega C$$

$$B = \frac{V_1}{I_2}\bigg|_{V_2=0} = \frac{V_1}{I_1}\bigg|_{V_2=0} = j\omega L$$

$$D = \frac{I_1}{I_2}\bigg|_{V_2=0} = \frac{I_1}{I_2}\bigg|_{V_2=0} = 1$$

となって,式 (9.10) と一致する.

$A, B, \underline{C}, D$ の次元は,A, D が無次元,B が 〔Ω〕,$\underline{C}$ が 〔℧〕である.

(3) 図9.14に示すような4端子回路の接続を**縦続接続**という.

この場合に N_1 についての V_2, I_2 がそのまま N_2 についてのそれぞれ V_3, I_3 に等しいので, N_1 と N_2 の合成の N に関する (F) 行列は, N_1 と N_2 のそれをそれぞれ (F_1) (F_2) とすると

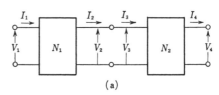

$$\begin{pmatrix} V_1 \\ I_1 \end{pmatrix} = (F_1) \begin{pmatrix} V_2 \\ I_2 \end{pmatrix}$$

$$\begin{pmatrix} V_3 \\ I_3 \end{pmatrix} = (F_2) \begin{pmatrix} V_4 \\ I_4 \end{pmatrix}$$

$$\begin{pmatrix} V_2 \\ I_2 \end{pmatrix} = \begin{pmatrix} V_3 \\ I_3 \end{pmatrix} \text{から}$$

$$\begin{pmatrix} V_1 \\ I_1 \end{pmatrix} = (F_1)(F_2) \begin{pmatrix} V_4 \\ I_4 \end{pmatrix}$$

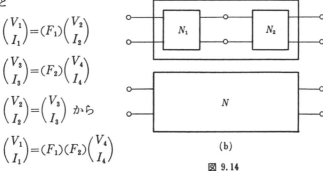

図 9.14

すなわち

$$(F) = (F_1)(F_2) \tag{9.54}$$

のように (F_1) と (F_2) の行列の積として求まることがわかる.

電気回路の中の多くのものが, 図 9.14 のように縦続で接続されていると考えられるので, この (F) 行列表現が有効になるのである.

二つに限らず, n 個の 4 端子が縦続に接続されているときには, それぞれの (F) 行列の積をとると, 合成回路の (F) が求められるのである.

(4) 図 9.15 (a), (b) に示す簡単な回路の (F) 行列は,

(a) について

$$\begin{cases} V_1 = V_2 + ZI_2 \\ I_1 = 0 + I_2 \end{cases}$$

から

$$(F) = \begin{pmatrix} 1 & Z \\ 0 & 1 \end{pmatrix} \tag{9.55}$$

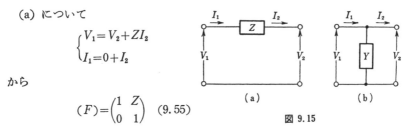

図 9.15

(b) について

$$\begin{cases} V_1 = V_2 + 0 \\ I_1 = YV_2 + I_2 \end{cases}$$

から

$$(F) = \begin{pmatrix} 1 & 0 \\ Y & 1 \end{pmatrix} \tag{9.56}$$

となる．

(5) これらを用いると図 9.16 (a) の (F) 行列は式 (9.54) から

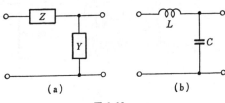

図 9.16

$$(F) = \begin{pmatrix} 1 & Z \\ 0 & 1 \end{pmatrix} \begin{pmatrix} 1 & 0 \\ Y & 1 \end{pmatrix} = \begin{pmatrix} 1+ZY & Z \\ Y & 1 \end{pmatrix} \tag{9.57}$$

となる．ここで $Z=j\omega L$, $Y=j\omega C$ とすると，図 (b) で

$$(F) = \begin{pmatrix} 1-\omega^2 LC & j\omega L \\ j\omega C & 1 \end{pmatrix}$$

となり，式 (9.10) がでる．

(6) 次に図 9.4 で示した分布定数回路の (F) を，実はこれが l_1, l_2 ($l_1+l_2=l$) の縦続であったと考えてみて，合成の (F) を求めてみよう（図 9.17）．

$$(F_1) = \begin{pmatrix} \cosh \gamma l_1 & Z_C \sinh \gamma l_1 \\ \dfrac{1}{Z_C} \sinh \gamma l_1 & \cosh \gamma l_1 \end{pmatrix}$$

$$(F_2) = \begin{pmatrix} \cosh \gamma l_2 & Z_C \sinh \gamma l_2 \\ \dfrac{1}{Z_C} \sinh \gamma l_2 & \cosh \gamma l_2 \end{pmatrix}$$

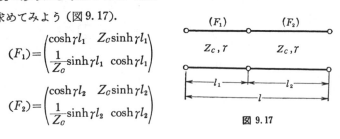

図 9.17

9.4 (F) 行列

$$(F) = (F_1)(F_2)$$
$$A = \cosh\gamma l_1 \cosh\gamma l_2 + \sinh\gamma l_1 \sinh\gamma l_2$$
$$= \cosh\{\gamma(l_1+l_2)\} = \cosh\gamma l$$
$$B = Z_0\{\cosh\gamma l_1 \sinh\gamma l_2 + \sinh\gamma l_1 \cosh\gamma l_2\}$$
$$= Z_0 \sinh\{\gamma(l_1+l_2)\} = Z_0 \sinh\gamma l$$

あとも同様で

$$C = \frac{1}{Z_0}\sinh\gamma l, \quad D = \cosh\gamma l$$

となり，式 (9.32) と一致することが確かめられる．

(7) 最後に (F) 行列が求まっている N に，図 9.18 に示すように Z_L の負荷を接続したとしよう．とすると，

$$V_1 = AV_2 + BI_2$$
$$I_1 = CV_2 + DI_2$$
$$V_2 = Z_L I_2$$

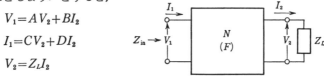

図 9.18

となる．これから

$$\frac{V_2}{V_1} = \frac{V_2}{AV_2 + BI_2} = \frac{Z_L}{AZ_L + B} \qquad (9.58)$$

また

$$Z_{\text{in}} = \frac{V_1}{I_1} = \frac{AV_2 + BI_2}{CV_2 + DI_2} = \frac{AZ_L + B}{CZ_L + D} \qquad (9.59)$$

と表現される（図 9.2 の例で考えてみよ）．

この関係式を用いて，フィルタ等の設計がなされてゆくのである．

(8) また，これまででた (Z), (Y), (F) の要素に注目すると（(Z), (Y) については電流 I_2 の正を図 9.5 のように，(F) については図 9.12 のようにとる），

$$Z_{12} = Z_{21} \qquad (9.60)$$
$$Y_{12} = Y_{21} \qquad (9.61)$$

がわかる.

これは回路 N 中に非可逆素子がない限りにおいて(したがって L, C, R, M のようなもので構成される場合は) 成り立つ. この式 (9.60), (9.61) が4章で述べた可逆定理に関係しているのである.

また,
$$AD-BC=|(F)|=1 \tag{9.62}$$
が成り立っている. これも上と同様の意味をもつものである.

たとえば, 図 9.4 の場合については
$$AD-BC=\cosh^2 \gamma l - \sinh^2 \gamma l$$
であるが, 双曲線関数の性質から右辺は 1 である.

以上述べた $(Z), (Y), (F)$ 以外にも散乱行列 (S) や伝達行列 (T) もあるが, ここでははぶくことにする.

問　題

(1) p.197 での並列T回路の問題中での $Y_{21}', Y_{22}', Y_{21}'', Y_{22}''$ を誘導せよ.

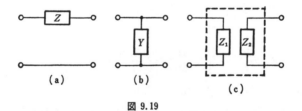

図 9.19

(2) (i) 図 9.19 において
　(a) では (Z), (b) では (Y), (c) では (F) が存在しないことを確かめよ.
　(ii) 次に
　(a) の $(Y), (F)$, (b) の $(Z), (F)$, (c) の $(Z), (Y)$ を求めよ.
(3) 図 9.20 の巻線比 $N_1 : N_2$ の理想トランスの (F) を求めよ.
(4) 図 9.21 の (F) 行列を求めよ.

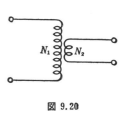

図 9.20

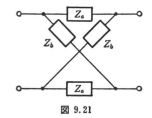

図 9.21

(5) 図9.22の (a) と (b) とが端子 AA′, BB′ の電圧 V_1, I_1, V_2, I_2 について等価であることを示せ.

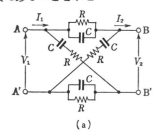

(a)

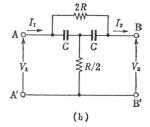

(b)

図 9.22

(6) 図9.23のフィルタについて

$$L=\frac{2R}{\omega_c}, \quad C=\frac{2}{\omega_c R}$$

とするとき, E/V を求め, $x=\omega/\omega_c$ に対する $|E/V|$ を描け.

(7) 図9.24のフィルタについて

(a) では $L=\dfrac{R}{2\omega_c}$, $C=\dfrac{1}{2\omega_c R}$

(b) では $L=\dfrac{2R}{\omega_c}$, $C=\dfrac{2}{\omega_c R}$

とするときの V/E を求め, かつ $x=\dfrac{\omega}{\omega_c}$ に対する $|E/V|$ を描け.

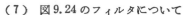

図 9.23

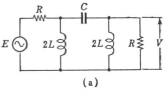

(a)

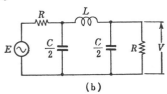

(b)

図 9.24

問 題 解 答

〈0章〉

(1)

波形	A	B	①	②	③
振　　幅	5	5	10	7	10
周波数〔Hz〕	1 250	1 250	1 000	500	1 000
角周波数〔ラジアン/秒〕	7 850	7 850	6 280	3 140	6 280
周期〔m sec〕	0.8	0.8	1	2	1
初位相〔ラジアン〕	$-\dfrac{\pi}{2}$	0	$-\dfrac{\pi}{2}$	0	π
数　　式	$5\sin 7\,850\,t$	$5\cos 7\,850\,t$	$10\sin 6\,280\,t$	$7\cos 3\,140\,t$	$-10\cos 6\,280\,t$

(2)

波形	(i)	(ii)	(iii)
振　　幅	30	10	40
周波数〔Hz〕	50	60	2 170
周期〔m sec〕	20	16.7	0.462
初位相〔ラジアン〕	$-\pi$	$\pi/3$	$-\pi/2$

(3)

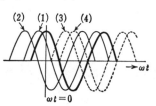

解-図 0.1

(4) $e_1 = E_{m1}\cos \omega t$, $e_2 = E_{m2}\cos (\omega t + \theta)$

とおく． $e_2 = E_{m2}\cos \omega t \cos \theta - E_{m2}\sin \omega t \sin \theta$

$$e = e_1 + e_2 = (E_{m1} + E_{m2}\cos \theta)\cos \omega t - (E_{m2}\sin \theta)\sin \omega t$$

ここで

$$E_{m1} + E_{m2}\cos \theta = E_m \cos \alpha$$
$$E_{m2}\sin \theta = E_m \sin \alpha$$

とえらぶ．

すなわち， $E_m = \sqrt{E^2_{m1} + E^2_{m2} + 2E_{m1}E_{m2}\cos \theta}$

$$\alpha = \tan^{-1}\frac{E_{m2}\sin \theta}{E_{m1} + E_{m2}\cos \theta}$$

とすると

$$e = E_m \cos (\omega t + \alpha)$$

となる．e は角周波数 ω の正弦波である．

(5) $e = e_1 + e_2$

$$= E_m \cos(\omega_1 t + \alpha)$$
$$E_m = \sqrt{E_{m1}^2 + E_{m2}^2 + 2E_{m1}E_{m2}\cos\omega_0 t}$$
$$\alpha = \tan^{-1}\frac{E_{m2}\sin\omega_0 t}{E_{m1} + E_{m2}\cos\omega_0 t}$$

ここで (4) と異なるのは E_m, α ともに時間で変化することである. すなわち e は正弦波ではない.

(i) $E_{m1} = E_{m2}$ のとき
$$E_m = E_{m1}\sqrt{2 + 2\cos\omega_0 t} = 2E_{m1}\cos\frac{\omega_0 t}{2}$$
$$\alpha = \tan^{-1}\frac{\sin\omega_0 t}{1 + \cos\omega_0 t} = \frac{\omega_0 t}{2}$$
$$e(t) = 2E_{m1}\cos\frac{\omega_0 t}{2}\cdot\cos\left(\omega_1 + \frac{\omega_0}{2}\right)t$$

$|\omega_0| \ll \omega_1$ であるから, $\cos\left(\omega_1 + \frac{\omega_0}{2}\right)t$ の t に対する変動にくらべ $\cos\frac{\omega_0 t}{2}$ はゆるやかである.

$\left|2E_{m1}\cos\frac{\omega_0 t}{2}\right|$ を振幅と考えると, 振幅が $T = \frac{2\pi}{\omega_0}$ で周期的に変わる角周波数 $\omega_1 + \frac{\omega_0}{2}$ の波形となる.

(ii) $E_{m2}/E_{m1} = k \ll 1$ であるから, 近似を用いると
$$E_m \fallingdotseq E_{m1}(1 + k\cos\omega_0 t)$$
$$\alpha = k\frac{\sin\omega_0 t}{1 + k\cos\omega_0 t}$$
$$e = E_{m1}(1 + k\cos\omega_0 t)$$
$$\times\cos\left(\omega_1 t + k\frac{\sin\omega_0 t}{1 + k\cos\omega_0 t}\right)$$

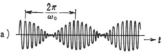

位相を t で微分すると, 角周波数 ω がでるが
$$\omega \fallingdotseq \omega_1 + k\omega_0\cos\omega_0 t$$
となる.

また振幅は E_{m1} を中心に $kE_{m1} \times \cos\omega_0 t$ の変化をしている.

(i), (ii) を図で示すと (a), (b) となる.

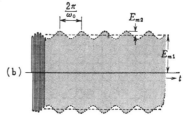

解-図 0.2

〈1章〉

(1) 電池の内部抵抗 R_i が，電線の抵抗 R にくらべて非常に大きい場合に起こり得る．

　オームの時代に，電線に流れる電流は接続する電池の数によらないという定理（？）が発表されたのであるが，これは電池の特性が悪い（今様の表現をすれば $R_i \gg R$）ことから生じたものである．

(2) (1)で述べたように当時の電池は $R_i \gg R$ であり，かつ時間と共に開放電圧 E_0 も減少していった．それで，ある時のデータと，次の時のデータとが異なってしまった．

　熱電対の電圧は，両端の温度が一定であれば一定で，このような困った問題が生じなかったのである．

(3) コンデンサは，その両端に電源電圧と同じ電圧を呈し，電気回路的には開放となる．

　インダクタは，抵抗 0 の電線となる．

(4) $I = 0.068$ A　　(5) $R = 2.2\,\Omega$, $P_{max} = 1.82$ W

〈2章〉

(1)

	$Z[\Omega]$	$E(t)$	$I(t)$
(i)	100	$100\sqrt{2}e^{j2\pi ft}$	$\sqrt{2}e^{j2\pi ft}$
(ii)	$j100$	〃	$\sqrt{2}e^{j\left(2\pi ft - \frac{\pi}{2}\right)}$
(iii)	$-j100$	〃	$\sqrt{2}e^{j\left(2\pi ft + \frac{\pi}{2}\right)}$

(2) $e = Ri$, $e = L\dfrac{di}{dt}$ を用いる．

(3) $e = Ri + L\dfrac{di}{dt}$ から求める．

(4) $q = Cv = C_0(1 - m\cos\omega t)E_0$

　　$i = \dfrac{dq}{dt} = \omega C_0 E_0 \sin \omega t$

(5) $i = \dfrac{dq}{dt} = \dfrac{d}{dt}(Cv)$

　　　$= \dfrac{d}{dt}\{C_0(1 - \sin\omega t)E_m \cos\omega t\}$

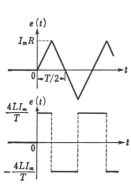

解-図 2.1

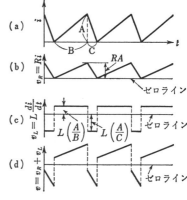

解-図 2.2

$$=C_0 E_m \frac{d}{dt}\left(\cos\omega t - \frac{1}{2}\sin 2\omega t\right)$$
$$=-\omega C_0 E(\sin\omega t + \cos 2\omega t)$$

(6) R に流れる電流 i_R は e と同相で, C に流れる電流 i_C は e よりも位相が $90°$ 進んでいる。
そこで e から $E=100$, $f=50\,\mathrm{Hz}$ である。
$$i=i_R+i_C=I\cos(\omega t+\theta)$$
とおくと,

解-図 2.3

$$I=\sqrt{I_R{}^2+I_C{}^2}=\sqrt{\left(\frac{E}{R}\right)^2+(\omega CE)^2}$$

$$\theta=\tan^{-1}\frac{I_C}{I_R}=\tan^{-1}\omega CR$$

i の波形より $\frac{I}{E}=\frac{5}{100}$, $\frac{\theta}{\omega}=\frac{5}{3}\times 10^{-3}$ から $\omega CR=\frac{1}{\sqrt{3}}$.

これらから $R=23.1\,\Omega$, $C=80\,\mu\mathrm{F}$

(7) LC で並列共振をしているときで
$$f=\frac{1}{2\pi\sqrt{LC}}$$

(8) f のとき $|Z|=\sqrt{3^2+(-6)^2}=3\sqrt{5}=6.7\,\Omega$
したがって $|E|=6.7\,\mathrm{V}$
$2f$ のとき $|Z|=\sqrt{3^2+(12-6)^2}=6.7\,\Omega$

$$|I|=\frac{|E|}{|Z|}=1\,\mathrm{A}$$

$\frac{1}{2}f$ のとき　$|Z|=\sqrt{3^2+(3-24)^2}=3\sqrt{50}\doteqdot 21.2\,\Omega$

$$|I|=\frac{|E|}{|Z|}=0.32\,\mathrm{A}$$

(9) 　　　$\dfrac{1}{R^2}+(2\pi\times 400\,C)^2=\left(\dfrac{40}{10}\times 10^{-3}\right)^2$

　　　　$\dfrac{1}{R^2}+(2\pi\times 1\,000\,C)^2=\left(\dfrac{60}{10}\times 10^{-3}\right)^2$

から　　$R=286\,\Omega,\ C=0.778\,\mu\mathrm{F}$

(10) 各枝を流れる電流の瞬時値には $i_1=i_2+i_3$ の関係があるが，Z_2, Z_3 のインピーダンスの $\mathrm{Arg}\,Z_2$, $\mathrm{Arg}\,Z_3$ が異なれば，i_2 と i_3 の位相に差ができるから（位相差 θ とする）i_2, i_3 の大きさ $|I_2|$, $|I_3|$ の和は $|I_1|^2=|I_2|^2+|I_3|^2+2|I_2||I_3|\cos\theta$ となる．

　　これから $\theta=0$ のときにのみ $|I_1|=|I_2|+|I_3|$ がわかる．

(11) 　　　$\dfrac{d}{dt}\left(\dfrac{1}{2}Li^2\right)=Li\dfrac{di}{dt}$

　　　　$\dfrac{d}{dt}\left(\dfrac{1}{2}\dfrac{1}{C}q^2\right)=\dfrac{1}{C}q\dfrac{dq}{dt}=\dfrac{1}{C}qi$

を用いる．

　物理的意味は，左辺は $-\infty$ から t までに電源から回路に入ったエネルギー，右辺の第1項は抵抗 R で消費されたもの，第2項は L と C とに蓄えられているエネルギーで，それらが等しいことを表わしている．

(12) ヒータの抵抗　$R_H=\dfrac{E^2}{P}=5\,\Omega$　　（E は実効値）

　（i）　$R=R_H=10\,\Omega$

　　　$\omega L=\sqrt{3}\,R_H=17.3\,\Omega,\ L=55\,\mathrm{mH}$

　（ii）　R のとき $2\,000\,\mathrm{W}$, L のとき $1\,000\,\mathrm{W}$

(13) 電力は R で消費されるだけである．

　（i）　$\omega L-\dfrac{1}{\omega C}=0$ のとき

　（ii）　$R=\left|\omega L-\dfrac{1}{\omega C}\right|$ のとき

(14) $f(t)=Ae^{\kappa t}$

　　　$Ae^{j\omega t}$

(15)　　　$f(t) = Ae^{\beta t},\ Be^{-\beta t}$
　　　　β が純虚であると $\beta = j\beta'$ とおくと
　　　　　　$f(t) = Ae^{j\beta' t},\ Be^{-j\beta' t}$
　　　または　$f(t) = C\cos\beta' t,\ D\sin\beta' t$

〈3章〉

(1)　$E(V) = (5+j8)(25-j10) = 205+j150\ V$

(2)　$Z = \dfrac{30+j40}{2+j1.5} = 19.2+j5.6\ \Omega$

　　　$Y = \dfrac{1}{Z} = 0.048 - j0.014\ \mho$

　　　$P = \dfrac{1}{2}\mathcal{R}(E\dot{I}) = 60\ W$

(3)　$R = \sqrt{r^2 + X^2}$　$(X = \omega L)$

(4)　電磁気の知識から直列共振回路となる．それで増幅器の入力に選択された周波数の電圧が加わるようになるのである．

(5)　　　$L = 225\,\mu H$,
　つぎに
　　　　$f_n = 530 \times \sqrt{\dfrac{400}{40}} = 1\,670\ kHz$

(6)　(i)　$C = \dfrac{1}{(2\pi f)^2 L}$

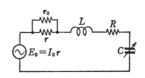

解-図 3.1

　　(ii)　$I_r = \dfrac{E}{R},\ |V_c| = \dfrac{I_r}{2\pi fC} = \sqrt{\dfrac{L}{C}}\dfrac{E}{R}$

　　(iii)　$C = \dfrac{1}{(2\pi f)^2 L}$

　　(iv)　$C_0 \fallingdotseq \dfrac{1}{(2\pi f)^2 L}$

　　(v)　$\left|\dfrac{I}{I_r}\right| = \dfrac{1}{\sqrt{1 + \dfrac{1}{R^2}\left(\omega L - \dfrac{1}{\omega C}\right)^2}}$

として，C を変数と考えて $\left|\dfrac{I}{I_r}\right| = \dfrac{1}{\sqrt{2}}$ となる C を求める．

(7)　省略

(8)　図から共振周波数　$f_0 = 2.48\ MHz$
　そのときの電流　$I_0 = 82\ mA$

これから $I \geq \dfrac{I_0}{\sqrt{2}}$ となる帯域幅 $B=0.011\,\mathrm{MHz}$

したがって

$$Q=\dfrac{2.48}{0.011}=225=\dfrac{\omega_0 L}{R}, \quad I_0=82=\dfrac{E}{R}=\dfrac{2}{R}$$

$$C=\dfrac{1}{(2\pi f)^2 L}$$

から $R=24.4\,\Omega,\ L=352\,\mathrm{mH},\ C=11.7\,\mathrm{pF}$.

(9) 図 3.33 は，等価的には（鳳－テブナンの定理）解－図 3.1 のように書くことができる．ここに E_0 というのは，図 3.33 において端子 ab から右側にはなにも接続しないとき，端子 ab 間に現われる電圧（開放電圧），すなわち $I_0 r$ に等しく，これに端子 ab から左側を見こんだ合成インピーダンス（r と電源の内部抵抗 r_0 との並列抵抗であるが，r が非常に小さいため，ほとんど r に等しいと見なされる抵抗）が直列接続されている．可変容量 C の値を変化させて電圧計 V の読みが最大になるというのは，ω という角周波数にたいして同調がとれたときである．そのときコンデンサ C の端子電圧は

$$V_m=\dfrac{\omega_r L}{R+\dfrac{rr_0}{r+r_0}}E_0 \fallingdotseq \dfrac{\omega_r L}{R+r}I_0 r$$

$r \ll R$ であるから $I_0 \fallingdotseq I$ となり，またコイルの $Q=(\omega_r L/R)$ の関係を用いて

$$\dfrac{V_m}{I}=Qr$$

r の値は一定で既知であるとすれば，V_m/I の値を知ることから Q が算出できる．

【説明】 実際の Q メータでは，I の値をある一定値におさえた状態で使用するため，Q が直読できるように電圧計 V の目盛をつくってある．r の値は $0.04\,\Omega$ の程度のものであり，$r \ll r_0,\ R$ という条件は満たされている．

(10) （i） $V=11.65\,\mathrm{V}$ 　（ii） $V=9.85\,\mathrm{V}$

(11) $\dfrac{P}{P_{max}}=0.048$

(12) $R_1 R_x = R_2 R_3\{1+(\omega C_x R_x)^2\}$

$$\omega C_x R_x = \dfrac{1}{\omega C_3 R_3}$$

から求まる．

(13) $R_x = \dfrac{R_2}{R_1}R$, $C_x = \dfrac{R_1}{R_2}C$

次が $R_x = \dfrac{R_2}{R_1}R$, $L_x = \dfrac{R_2}{R_1}L$

(14) $\dfrac{V}{E} = \dfrac{8x^2}{8x^2 - 1 - j4x}$

$\left|\dfrac{V}{E}\right| = \dfrac{x^2}{\sqrt{x^4 + \dfrac{1}{64}}}$ $x=0$ のとき $\left|\dfrac{V}{E}\right|=0$ で，x が大きくなると共に $\left|\dfrac{V}{E}\right|$ は大きくなる．

(15) 電源 E の右側の入力インピーダンスも $Z_1 = \dfrac{E}{I_1} = \dfrac{Ee^{-j\theta}}{I_1 e^{-j\theta}} = \dfrac{V_2}{I_2} = R$ であることに注目する．

$$\dfrac{\omega CR}{2} = \tan\dfrac{\theta}{2}, \quad \omega L = R\sin\theta$$

この2式から L と C とが求まる．

$\theta \ll 1$ であれば $\sin\theta \doteqdot \theta$, $\tan\dfrac{\theta}{2} \doteqdot \dfrac{\theta}{2}$ から

$$\omega L = R\theta, \quad \omega C = \dfrac{\theta}{R}$$

となる．

(16) (15) と同様の考えで解くと，

$$\omega L = 2R\tan\dfrac{\theta}{2}, \quad \omega CR = \sin\theta$$

となる．

$\theta \ll 1$ のときは $\omega L = R\theta$, $\omega C = \dfrac{\theta}{R}$ となり，π 形のものと一致する．

〈4章〉

(1) 等価電源定理のいわんとするところは，外部につけたインピーダンスに流れる電流について，(a)，(b)が等価だということであって，等価電源回路の内部のインピーダンスに流れる電流については関知していないのである．

(2) $I = \dfrac{V_1 - V_2}{Z_1 + Z_2}$

ただし N_1 から N_2 に向かう電流を正とする．

鳳 - テブナンによる．

(3)　　　$I=0.059$ A
(4)　補償の定理による．
　　　　　$I=10.8$ A
(5)　補償の定理による．
　(i)　$\varDelta Z=j1000-1000$ とする
　　　　$I=1.28$ A
　(ii)　$\varDelta Z=-1000$ とする．
　　　　$I=0.91$ A

(6)　$L\dfrac{di}{dt}=e(t)$ を満たすように，$e(t)$ から $i(t)$ を求めればよい．図のような i になる．

　双対の理によると，容量 C の端子に図4.6の $i(t)$ を流すと，端子の電圧は解-図4.1のようになるといえる．

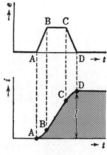

解-図 4.1

(7)

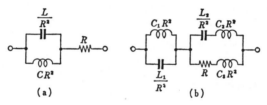

解-図 4.2

(8)　(a)　インピーダンス Z を求めて，$Z(\omega=0)$ と $Z(\omega=\infty)$ が $Z(\omega=0)=Z(\omega=\infty)$ から，まず $r_1=r_2$ が必要．任意の ω で $Z(\omega)=Z(0)$ から

$$\frac{L}{C}=(R+r_1)^2$$

　(b)　$\dfrac{L}{C}=R^2$（9章の（F）行列を用いるとらく）

(9)　$\dfrac{E}{E_0}=0.667$（9章の（Y）行列を用いるとらく）

(10)　各枝に流れる電流を $I_k(k=1, 2, \cdots n)$ とすると
　　　　$I_1=(E-E_1)Y_1,\ I_2=(E-E_2)Y_2,\ \cdots$
　　　　$I_k=(E-E_k)Y_k$

である．一方，$I_1+I_2+\cdots +I_n$ はキルヒホッフの第1法則によって0であ

問 題 解 答

したがって
$$\sum_{k=1}^{n} I_k = \sum_{k=1}^{n}(E-E_k)Y_k = 0$$
これから求まる.

〈5章〉

(1) (1)

角周波数	直 流 分	p	$2p$
振 幅	$AE+B\left(E^2+\dfrac{E_m{}^2}{2}\right)$	AE_m+2BEE_m	$\dfrac{B}{2}E_m{}^2$

(2)

角周波数	直 流 分	ω_1	ω_2	$\omega_1-\omega_2$	$\omega_1+\omega_2$	$2\omega_1$	$2\omega_2$
振幅	$AE+B\left[E^2+\dfrac{E_1{}^2}{2}+\dfrac{E_2{}^2}{2}\right]$	AE_1+2BEE_1	AE_2+2BEE_2	BE_1E_2	BE_1E_2	$\dfrac{B}{2}E_1{}^2$	$\dfrac{B}{2}E_2{}^2$

(2) $e(t)=\dfrac{A}{\pi}+\dfrac{A}{2}\sin\omega t-\dfrac{2A}{\pi}\left(\dfrac{1}{1\cdot 3}\cos 2\omega t+\dfrac{1}{3\cdot 5}\cos 4\omega t+\cdots\cdots\right)$

(3) (a) $y=\dfrac{2A}{\pi}\left[1-2\left\{\dfrac{1}{3}\cos 2t+\dfrac{1}{15}\cos 4t+\dfrac{1}{35}\cos 6t\cdots\cdots\right\}\right]$

(b) $y=\dfrac{8A}{\pi^2}\left[\sin t-\dfrac{1}{3^2}\sin 3t+\dfrac{1}{5^2}\sin 5t\cdots\cdots\right]$

(4) y 軸を Y_2Y_2 にえらぶ.

$a_0=\dfrac{A\tau}{T},$

$a_n=\dfrac{2A}{T}\dfrac{2\sin\dfrac{n\omega\tau}{2}}{n\omega}$

$=\dfrac{2\tau}{T}A\dfrac{\sin\dfrac{n\omega\tau}{2}}{\dfrac{n\omega\tau}{2}}$

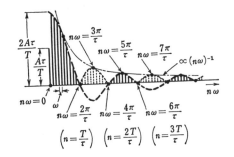

解-図 5.1

図で破線で示したところは $a_n<0$, 実線で示したところは $a_n>0$ である.

(5) 角周波数 ω の電流は $\sqrt{\dfrac{1}{R^2}+(\omega C)^2}\,E_m$

角周波数 3ω の電流は $\sqrt{\dfrac{1}{R^2}+(3\omega C)^2}\,kE_m$

$$\frac{I_3}{I_1}=k\sqrt{\frac{1+(3\omega CR)^2}{1+(\omega CR)^2}}$$

(6) 方形波電圧のフーリエ展開は $e=\dfrac{E}{2}+\dfrac{2}{\pi}E\left(\sin\omega t+\dfrac{1}{3}\sin 3\omega t+\dfrac{1}{5}\sin 5\omega t\right.$

$+\cdots\cdots\left.\right)$. つぎのような表をつくったうえで (a), (b) が描ける.

	$T=1.3\,\text{ms}\,(f=770\,\text{Hz}\cdots$基本波$)$			$T=1.0\,\text{ms}\,(f=1\,000\,\text{Hz}\cdots$基本波$)$				
n	1	3	5	1	3	5	7	9
$\omega L\,[\Omega]$	242	726	1 210	314	942	1 570	2 198	2 826
$\dfrac{1}{\omega C}\,[\Omega]$	2 070	690	414	1 590	530	318	227	177
$\omega L-\dfrac{1}{\omega C}\,[\Omega]$	$-1\,928$	36	796	$-1\,276$	412	1 252	1 971	2 649
①$=\sqrt{R^2+\left(\omega L-\dfrac{1}{\omega C}\right)^2}$ $[\Omega]$	〃	41.2	〃	〃	〃	〃	〃	〃
$E_n\,[\text{V}]$	1.27	0.423	0.254	1.27	0.423	0.254	0.181	0.141
$I_n=\dfrac{E_n}{①}\,[\text{mA}]$	0.661	10.5	0.319	0.995	1.01	0.203	0.0916	0.0532
$V_R=I_nR\,[\text{mV}]$	13.2	210	6.38	19.9	20.0	4.05	1.83	1.06
$\varphi=\tan^{-1}\dfrac{\omega L-\dfrac{1}{\omega C}}{R}$	$\fallingdotseq-90°$	$+61.0°$	$+88.5°$	$\fallingdotseq-90°$	$+87.2°$	$\fallingdotseq+90°$	$\fallingdotseq+90°$	$\fallingdotseq+90°$

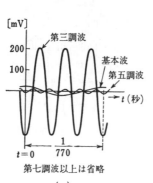

(a)

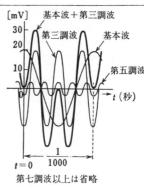

(b)

解-図 5.2

図（a）は $T=1.3\,\mathrm{msec}$ のときで，$n=2$ が振幅が大きく，他は小さいので，$n=3$（第3調波）の電圧がそのまま R の端子の合計の電圧としてもよい。
図（b）は $T=1.0\,\mathrm{msec}$ のときで $n=1$ と $n=3$ が振幅が大きい。したがって，基本波と第3調波の和が R の端子の合計の電圧と見なせる。この場合は正弦波形とはかなり異なっている。

（7）$Q=\dfrac{\omega_r L}{r}$ より $r=\dfrac{\omega_r L}{Q}$。そこで同調時の並列インピーダンスは $Z_r=\dfrac{L}{C_r}=Q\omega_r L=150\times 2\pi\times 500\times 10^3\times 800\times 10^{-6}=377\times 10^3\,\Omega$，$e$ の中に含まれる 500 kHz の高調波の振幅は $a_5=\dfrac{E}{2}\dfrac{\sin 5\times\dfrac{\pi}{4}}{5\times\dfrac{\pi}{4}}=0.900\,\mathrm{V}$

そこで $V=\dfrac{0.900\times 377}{100+377}=0.711\,\mathrm{V}$

〈6章〉

（1）$i(t)=\dfrac{dq}{dt}$，$e(t)=L\dfrac{d^2 q}{dt^2}+R\dfrac{dq}{dt}+\dfrac{1}{C}q$

（2）$t=0$ で Switch が off になったとすると，それまで流れていた電流 $I=\dfrac{E}{R}$ が当然 0 となってしまう。これは物理の磁束の連続の法則に反するし，かつエネルギーの面でもおかしい。実は Switch を $t=0$ で off にすることはできないのである。
　有限時間かかって消費され，有限時間かかってチャージングされ，その間にエネルギーは Switch と回路の接触抵抗や R で消費されることになる。

（3）これも（2）と同じであって，突然に C の両端に電圧 E が加わり，CE の電荷ができることは電荷の連続の法則に反する。
　やはり有限時間かかって消費され，有限時間かかってチャージングされる。

（4）時定数 T は，回路方程式で電源を 0 とおいた，いわゆる過渡解 $i_0(t)$ を求める微分方程式から求まる。
　しかるに，この回路で $E=0$，すなわち，短絡すると，回路は図（a）のように変形され，ただ一つの抵抗 $R\left(=R_2+\dfrac{R_1 R_3}{R_1+R_3}\right)$ と C の回路となる。
　したがって
$$T=CR=C\dfrac{R_1 R_2+R_2 R_3+R_3 R_1}{R_1+R_3}$$

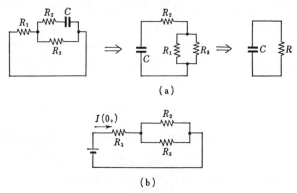

解-図 6.1

電流 $i(t)$ についてはまず $t=0^+$ では $t=0^+$ の C の両端の電圧が 0 であるから図（b）の回路の $I(0^+)$ を求めればよい。

$$I(0^+)=\frac{E}{R_1+\dfrac{R_2R_3}{R_2+R_3}}=\frac{E(R_2+R_3)}{R_1R_2+R_2R_3+R_3R_1}$$

次に $t=\infty$ では，C には電流が流れないから（開放と同じ）

$$I(\infty)=\frac{E}{R_1+R_3}$$

である。したがって，

$$i(t)=\frac{E}{R_1+R_3}+\left(\frac{E(R_2+R_3)}{R_1R_2+R_2R_3+R_3R_1}-\frac{E}{R_1+R_3}\right)e^{-\frac{t}{T}}$$

となる。

〈7章〉

（1） $f(t)=f_1(t)+f_2(t)$

$$F_1(\omega)=\int_{-\infty}^{\infty}f_1(t)e^{-j\omega t}dt$$

$$F_2(\omega)=\int_{-\infty}^{\infty}f_2(t)e^{-j\omega t}dt$$

$$F(\omega)=\int_{-\infty}^{\infty}\{f_1(t)+f_2(t)\}e^{-j\omega t}dt$$

$$=\int_{-\infty}^{\infty}f_1(t)e^{-j\omega t}dt+\int_{-\infty}^{\infty}f_2(t)e^{-j\omega t}dt=F_1(\omega)+F_2(\omega)$$

（2） 変数変換を考えよ。

(3) 省略
(4) 定常解　$i_s(t)=0$
　　　過渡解　$i_g(t)=Ae^{p_1 t}+Be^{p_2 t}$　　$(p_1 \neq p_2)$
　　　　　　　　　　　$=(A+Bt)e^{p_1 t}$　　$(p_1=p_2)$
　　ただし, p_1, p_2 は　$p^2+\dfrac{R}{L}p+\dfrac{1}{LC}=0$
の根である.
　　電流 $i(t)$ の一般解は
$$i(t)=i_g(t)+i_s(t)$$
$$q(t)=\int_{0-}^{t} i(t)\,dt$$
ここで初期条件を入れる.

(i) $p_1 \neq p_2$ すなわち $R \neq 2\sqrt{\dfrac{L}{C}}$ のとき

$$\left.\begin{array}{c}p_1\\p_2\end{array}\right\}=-\frac{1}{2}\left(\frac{R}{L}\pm\sqrt{\left(\frac{R}{L}\right)^2-4\frac{1}{LC}}\right)$$

(a) $R>2\sqrt{\dfrac{L}{C}}$ のときは p_1, p_2 共に実数

$$\alpha=\frac{R}{2L},\ \beta=\frac{1}{2}\sqrt{\left(\frac{R}{L}\right)^2-4\frac{1}{LC}}\ \text{とおくと}$$
$$p_1=-\alpha+\beta\ \ \ \ p_2=-\alpha-\beta$$
$$i(t)=-V_0\frac{C}{\sqrt{(RC)^2-4LC}}\{e^{(-\alpha+\beta)t}-e^{-(\alpha+\beta)t}\}$$

(b) $R<2\sqrt{\dfrac{L}{C}}$ のときは, p_1, p_2 共に複素数

$$p_1=-\alpha+j\beta\ \ \ \ p_2=-\alpha-j\beta$$
$$i(t)=-V_0\frac{2C}{\sqrt{(RC)^2-4LC}}e^{-\alpha t}\sin\beta t$$

(ii) $R=2\sqrt{\dfrac{L}{C}}$ のとき $p_1=p_2=\dfrac{-R}{2L}=-\alpha$

$$i(t)=\frac{-V_0}{L}te^{-\alpha t}$$

(i)(a) と (ii) では $i(t)$ は t と共に単調に減小してゆく.
(i)(b) では R が小さいので, i は振動しながら減小してゆく.

(5) (i) $L\dfrac{d^2q}{dt^2}+\dfrac{q}{C}=E_0 Y(t)$　　$Y(t)$ は階段関数

(ii) $q_g(t)=Ae^{-j\beta t}+Be^{j\beta t}$

ただし $\beta = \dfrac{1}{\sqrt{LC}}$

$q_s(t) = CE_0$

(iii) $i(t) = \dfrac{dq}{dt} = j\beta(-Ae^{-j\beta t} + Be^{j\beta t})$

初期条件 $q(0^-) = 0$, $i(0^-) = 0$ を代入すると,

$$i(t) = \sqrt{\dfrac{C}{L}}\, E_0 \sin\left(\dfrac{t}{\sqrt{LC}}\right)$$

(iv) $i(t)$ についての方程式は

$$L\dfrac{di}{dt} + \dfrac{1}{C}\int i\,dt = E_0 Y(t)$$

$i(t)$ のラプラス変換 $I(s)$ については,初期条件を考えて,

$$LsI(s) + \dfrac{1}{C}\dfrac{I(s)}{s} = E_0 \dfrac{1}{s}$$

したがって

$$I(s) = \dfrac{\dfrac{1}{\sqrt{LC}}\sqrt{\dfrac{C}{L}}\, E_0}{s^2 + \dfrac{1}{LC}}$$

逆変換の公式から (iii) の $i(t)$ がでる.

⟨8章⟩

(1) 省略

(2) (i) $\beta = \omega\sqrt{LC} = \omega\sqrt{\varepsilon_0 \mu_0}$

すなわち,線路の寸法のパラメータは入ってこずに,電界,磁界が存在する媒質の電気的および磁気的パラメータだけで決まる.

(ii) $v_p = \omega/\beta = \dfrac{1}{\sqrt{\varepsilon_0 \mu_0}} = c$

(iii) f $1\,\text{Hz}$ $\lambda = 3\times 10^8\,\text{m}$ (地球7回り半)

         $1\,000\,\text{kHz}$ $\lambda = 3\times 10^2\,\text{m}$

         $80\,\text{MHz}$ $\lambda = 3.75\,\text{m}$

         $150\,\text{MHz}$ $\lambda = 2\,\text{m}$

         $600\,\text{MHz}$ $\lambda = 50\,\text{cm}$

         $4\,000\,\text{MHz}$ $\lambda = 7.5\,\text{cm}$

         $60\,\text{GHz}$ $\lambda = 5\,\text{mm}$

(3)

z_L	0	0.2	0.5	1	2	5	∞
$S(0)$	-1	$-\frac{2}{3}$	$-\frac{1}{3}$	0	$\frac{1}{3}$	$\frac{2}{3}$	1
ρ	∞	5	2	1	2	5	∞

(4) $|S| = \left|\dfrac{Z_L - Z_C}{Z_L + Z_C}\right| = \sqrt{\dfrac{(R_L - R_C)^2 + X_L^2}{(R_L + R_C)^2 + X_L^2}}$

明らかに $(R_L + R_C)^2 \geqq (R_L - R_C)^2$ であるから
$\qquad |S| \leqq 1$

これは反射波の大きさが，$R_L \geqq 0$ の負荷では入射波の大きさよりも大きくなることはないということを意味している．

(5)

ρ	1	2	5	∞
$|S|$	0	$\frac{1}{3}$	$\frac{2}{3}$	1

(6) $S(0) = -1 (Z_L = 0)$, $S(0) = 1 (Z_L = \infty)$
であることを用いて，本文の例と同様に考えよ．

(7) $j50 = j50 \tan\dfrac{2\pi}{\lambda}l$, $\tan\dfrac{2\pi}{\lambda}l = 1$, $\dfrac{l}{\lambda} = \dfrac{1}{8}$

$\lambda = 50\,\mathrm{cm}$ から $l = 6.25\,\mathrm{cm}$ となる．

(8) (i) $R_x = \sqrt{R_C \cdot R_L} = 31.6\,\Omega$, $l = \dfrac{1}{4}\lambda = 75\,\mathrm{cm}$

(ii) $\left.\begin{array}{l} f = 200\,\mathrm{MHz} \\ = 400\,\mathrm{MHz} \end{array}\right)$ $S = -\dfrac{3}{7}$, $f = 300\,\mathrm{MHz}$ $S = 0$

〈9章〉

(1) 省略

(2) $(V) = (Z)(I)$, $(I) = (Y)(V)$ であるから $|(Z)| \neq 0$ のときは $(Y) = (Z)^{-1}$ と (Y) が求まる．同様に $|(Y)| \neq 0$ のときは $(Z) = (Y)^{-1}$ と求まる．したがって $|(Z)| = 0$, $|(Y)| = 0$ のときはそれぞれ (Y), (Z) が存在しない．
　　あとは省略

(3) $(F) = \begin{pmatrix} \dfrac{N_1}{N_2} & 0 \\ 0 & \dfrac{N_2}{N_1} \end{pmatrix}$

(4) 本文で述べた，A, B, C, D を求める方法を用いた方が，キルヒホッフ

の法則を立てるよりもらく．
$$A=\frac{Z_b+Z_a}{Z_b-Z_a}=D, \quad B=\frac{2Z_aZ_b}{Z_b-Z_a}, \quad C=\frac{2}{Z_b-Z_a}$$

（5） 両回路の(F)行列の各成分 A, B, C, D を本文の方法で求めることによってわかる．

（6）　　$\dfrac{E}{V}=2(1+jx)(1+jx-x^2)$

$\left|\dfrac{E}{V}\right|=2\sqrt{1+x^6}$

$\left|\dfrac{E}{V}\right|$ は図のようになる．

$x=0$ すなわち $\omega=0$ のとき $|V|$ は最大の $\dfrac{1}{2}|E|$ となる．$x=1$ すなわち $\omega=\omega_c$ のとき $|V|$ は $\dfrac{1}{2\sqrt{2}}|E|$ となる．

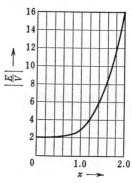

解-図 9.1

（7）（a）　$\dfrac{V}{E}=\dfrac{-x^3}{2(1+jx)(x-j+jx^2)}$

$\left|\dfrac{V}{E}\right|=\dfrac{1}{2}\dfrac{x^3}{\sqrt{x^6+1}}$

　　（b）　$\dfrac{V}{E}=\dfrac{-1}{2(x-j)(x-j+jx^2)}$

$\left|\dfrac{V}{E}\right|=\dfrac{1}{2}\dfrac{1}{\sqrt{x^6+1}}$

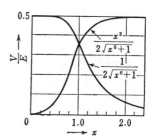

解-図 9.2

あとがき，参考文献

　以上で電気回路の基本的事項の入門の説明を終わる．線形回路については実に多く研究がなされ，また実用にも広く供されている．この本で述べたことがはっきりと理解されたとすると，それを基礎にすれば，より高級な理論を勉強するのにあまりギャップはないと思われる．今後の勉学のために参考書を掲げておく．必ずしもすべてを網羅したものでないことを断わっておく．

- （1）　斉藤正男著　"電気回路入門"　コロナ社
- （2）　西巻正郎著　"電気学"　森北出版
- （3）　末武国弘著　"基礎電気回路 I"　培風館
- （4）　川上正光著　"基礎電気回路（I）,（II）,（III）"　コロナ社
- （5）　電気学会　"電気回路論"　電気学会
- （6）　佐川雅彦，辻井重男著　"基礎回路解析"　共立出版
- （7）　山田直平著　"交流回路計算法"　コロナ社
- （8）　熊谷，榊，大野，尾崎著　"電気回路（1）,（2）"　オーム社
- （9）　田中幸吉，前川禎男著　"電気回路 I"　朝倉書店
- （10）　田中幸吉，藤沢俊男著　"電気回路 II"　朝倉書店
- （11）　佐藤利三郎著　"伝送回路"　コロナ社
- （12）　滝　保夫著　"伝送回路"　共立出版
- （13）　内藤喜之著　"電気数学（1）,（2）"　森北出版
- （14）　河田竜夫著　"応用数学概論 I"　岩波書店
- （15）　宮田房近著　"過渡現象"　共立出版
- （16）　内藤喜之著　"情報伝送入門"　昭晃堂
- （17）　末武国弘，林周一著　"マイクロ波回路"　オーム社
- （18）　川上正光著　"電子回路（I）〜（V）"　共立出版
- （19）　尾本義一，高井宏幸著　"交流回路演習"　共立出版
- （20）　高橋秀俊編　"回路"　裳華房

用 語 の 英 語

電気回路	Electric Circuit	電圧降下	Voltage Drop
励振	Excitation	電源	Source
入力	Input	電圧源	Voltage Source
応答	Response	電流源	Current Source
出力	Output	直列	Series
直流	Direct Current	並列	Parallel
交流	Alternating Current	キルヒホッフの法則	Kirchhoff's Law
周期波	Periodic Wave		
非周期波	Nonperiodic Wave	重ねの理	Principle of Superposition
周波数	Frequency		
孤立波	Isolated Wave	初期値	Initial Condition
線形回路	Linear Circuit	電力	Power
非線形回路	Nonlinear Circuit	有能電力	Available Power
時不変回路	Time invariant Circuit	整合負荷	Matched Load
		正弦波交流	Sinusoidal Wave
時変回路	Time varying Circuit	振幅	Amplitude
受動回路	Passive Circuit	角周波数	Angular Frequency
能動回路	Active Circuit	初位相	Initial Phase
集中定数回路	Lumped Element Circuit	位相	Phase
		周期	Period
分布定数回路	Distributed Constant Circuit	オイラーの公式	Euler's Formula
		1対1対応	One to One Correspondence
常微分方程式	Ordinary Differential Equation	等価	Equivalent
偏微分方程式	Partial Differential Equation	コンデンサ	Condenser
		キャパシタ	Capacitor
抵抗	Resistance	キャパシタンス	Capacitance
開放電圧	Open Circuit Voltage	コイル	Coil
内部抵抗	Internal Resistance	インダクタ	Inductor
固有抵抗	Intrinsic Resistance	インダクタンス	Inductance
逆起電力	Inverse Electromotive Force	インピーダンス	Impedance
		アドミタンス	Admittance
オームの法則	Ohm's Law	平均電力	Average Power

用語の英語

実効値	Effective Value
瞬時電力	Instantaneous Power
有効電力	Effective Power
無効電力	Reactive Power
複素電力	Complex Power
直列共振回路	Series Resonance Circiut
共振角周波数	Angluar Resonance Frequency
選択性	Selectivity
並列共振回路	Parallel Resonance Circuit
相互誘導	Mutual Induction
インピーダンス変換器	Impedance Converter
理想トランス	Ideal Transformer
整合回路	Matching Circuit
ブリッジ回路	Bridge Circuit
フィルタ	Filter
低域通過形フィルタ	Low Pass Filter
遮断周波数	Cut Off Frequency
高域通過フィルタ	High Pass Filter
帯域通過フィルタ	Band Pass Filter
帯域阻止フィルタ	Band Elimination Filter
鳳-テブナンの定理	Ho-Thévenin's Theorem
ノートンの定理	Norton's Theorem
補償の定理	Compensation Theorem
可逆の理	Reciprocity Theorem
双対の理	Duality
類推	Analogy
逆回路	Inverse Circuit
定抵抗回路	Constant Resistace Circuit
分波回路	Branching Circuit
Y-Δ 変換	Star-Delta Transformation
フーリエ級数	Fourier Series
非正弦波周期波	Non-sinusoidal Periodic Wave
フーリエ係数	Fourier Coefficient
フーリエ級数展開	Fourier Series Expansion
基本波	Fundamental Wave
高調波	Higher Harmonics
斉次	Homogeneous
非斉次	Imhomogeneous
定常解	Stationary (Solution)
過渡解	Transient (Solution)
特性方程式	Characteristic Equation
磁束数 Φ の連続性	Continuity of Flux
電荷 q の連続性	Continuity of Charge
時定数	Time Constant
離散的変数	Discrete Variable
連続変数	Continuous Variable
フーリエ変換	Fourier Transform
フーリエ逆変換	Fourier Inverse Transform
スペクトラム	Spectrum
デルタ関数	Delta function
インパルス	Impulse
階段関数	Step function
ラプラス変換	Laplace Transform
ラプラス逆変換	Laplace Inverse Transform
位相速度	Phase Velocity
特性インピーダンス	Characteristic Imped-

ス	ance		Dummy load
減衰定数	Attenuation Constant	定在波	Standing Wave
位相定数	Phase Constant	定在波比	Standing Wave Ratio
伝搬定数	Propagation Constant	$\frac{1}{4}$ 波長整合回路	one-quarter Wavelength matching Circuit
波長	Wavelength		
入射波	Incident Wave		
反射波	Reflected Wave	インピーダンス	Impedance Matrix
反射係数	Reflection Coefficient	アドミタンス	Admittance Matrix
スミスチャート	Smith Chart	並列T回路	Parallel Twin Circuit
特性抵抗	Characteristic Resistance	縦続接続	Cascade Connection, Tandem Connection
無反射負荷	Non-reflection load,		

索 引
(五十音順)

ア 行

Admit ……………………………………… 55
アドミタンス ………………………… 30, 54
アドミタンス行列 …………………… 191

Impede …………………………………… 55
位相 ……………………………………… 22
位相速度 ……………………………… 161
位相定数 ……………………………… 163
一様な分布定数回路 ………………… 159
1対1対応 …………………………… 26, 55
一般解 ………………………………… 122
因果律 …………………………………… 6
インダクタ ……………………………… 27
インダクタの電気特性 ………………… 29
インダクタンス ………………………… 27
インダクティブ ……………………… 181
インパルス …………………………… 141
インピーダンス ……………… 30, 54, 164, 179
インピーダンス行列 ………………… 191
インピーダンス変換器 ………………… 66

ウェスティングハウス ………………… 23

F行列 ………………………………… 191
m重根 ………………………………… 128
エジソン ………………………………… 23
エルステッド …………………………… 97

オイラーの公式 ………………………… 25
応答 ……………………………………… 1

カ 行

オームの法則 …………………………… 9

階段関数 ……………………………… 141
開放 …………………………… 175, 181
開放電圧 …………………………… 10, 81
可逆（相反）定理 ………………… 93, 204
可逆の理 ……………………………… 92
角周波数 ……………………………… 22
重ねの理 ……………… 16, 57, 79, 84, 118
過渡解 ………………………… 123, 126
過渡現象 ……………………………… 122
規格化インピーダンス ……………… 176
基本波 ………………………………… 115
逆回路 ………………………………… 99
逆起電力 ……………………………… 10
キャパシタ ……………………………… 27
キャパシタの電気特性 ………………… 28
キャパシタンス ………………………… 27
キャパシティブ ……………………… 181
共振角周波数 ………………………… 60
共振時のインピーダンス ……………… 59
キルヒホッフの法則 ………………… 14, 88

クーロン ……………………………… 98

減衰定数 ……………………………… 163
検流計 ………………………………… 70

コイル ………………………………… 27
高域通過フィルタ ………………… 74, 104

広義の交流……………………… 3
広義の直流……………………… 3
高級類推………………………98
高調波………………………… 115
交流……………………………… 4
交流電力………………………44
交流理論……………………… 127
固有抵抗………………………10
固有電力………………………19
弧立波…………………………… 4
コンダクタンス………………54
コンデンサ……………………27

サ 行

サセプタンス…………………54
3相交流電力送電…………… 105
散乱行列……………………… 204

実効値…………………………46
実数係数線形微分方程式……36
時定数………………………… 132
時不変回路……………………… 5
時変回路………………………… 5
遮断周波数……………………74
周期………………………… 3, 22
周期波…………………………… 3
縦続接続……………………… 200
集中定数回路…………………… 6
周波数……………………… 3, 22
周波数スペクトラム………… 121
周波数帯域幅…………………61
周波数特性……………………57
シュタインメッツ……………24
出力……………………………… 1
出力信号波形…………………… 1

出力波形………………………… 1
受動回路………………………… 5
瞬時電力………………………47
初位相…………………………22
常微分方程式…………………… 7
初期条件………………… 123, 129
振幅……………………………22
振幅密度……………………… 139

Y（スター）結線…………… 105
Y-Δ変換 …………………… 105
Y-Δの変換公式 …………… 107
数学的抵抗……………………11
数学的電圧源…………………11
数学的電源……………………11
数学的電流源…………………11
スペクトラム………………… 139
スミス……………………… 175
スミスチャート…………… 169

正弦波交流……………………22
正弦波交流の複素表現………24
整合回路……………… 68, 69, 183, 184
整合負荷………………… 19, 170
斉次………………………… 123
線形回路…………………… 4, 57
選択度…………………………61
選択性…………………………60

双曲線関数………………… 167
相互誘導現象…………………64
双対……………………………95
双対な回路……………………95
双対の関係……………………96
双対の理………………………94

索 引

タ 行

帯域阻止フィルタ……………………74
帯域通過フィルタ……………………74
体系化……………………………… 6
代数方程式……………………………39
短絡………………………………… 175
短絡電流………………………………87

超高圧電力伝送………………………68
直並列接続……………………………13
直流………………………………… 4
直流電源…………………………… 9
直列………………………………… 12
直列共振回路…………………………58
直列接続………………………… 12, 196
直列抵抗…………………………… 158
直列分布インピーダンス………… 158

T形移相器……………………………78
Δ（デルタ）結線………………… 105
Δ-Yの変換公式………………… 106
低域通過形フィルタ…………………74
低域通過フィルタ………………… 104
低級類推………………………………98
定係数線形微分方程式…………… 122
抵抗………………………………9, 27
定在波比…………………………… 173
定在波分布………………………171, 173
定常解……………………………123, 126
定抵抗回路………………………… 102
定電圧回路………………………… 104
定電流回路………………………… 104
デルタ関数………………………… 141
電圧降下………………………………11

電気回路…………………………… 1
電磁誘導作用…………………………97
伝送回路………………………………74
伝達行列…………………………… 204
伝搬定数…………………………… 163
電力……………………………………18

等価電圧源の定理……………………83
等価電流源……………………………87
同軸線……………………………… 156
特殊解……………………………… 123
特性インピーダンス……………… 163
特性抵抗…………………………… 170
特性方程式………………………… 128

ナ 行

内部抵抗………………………………10

2重根……………………………… 128
入射波……………………………… 164
ニュートンの万有引力の法則………98
入力………………………………… 1
入力信号波形……………………… 1
入力波形…………………………… 1

熱電対……………………………… 9

能動回路…………………………… 5
ノートンの定理………………… 85, 87

ハ 行

π形移相器……………………………78
波長………………………………… 163
波動………………………………… 159
反射係数………………………… 164, 165

反射波……………………………… 164	並列接続……………………… 13, 196
	並列T回路……………………………… 197
非可逆素子……………………………… 204	並列分布アドミタンス……………… 158
非周期波………………………………… 3	ヘルツ……………………………………23
非正弦波周期波………………………… 110	偏微分方程式…………………………… 7
非斉次…………………………………… 123	
非線形回路……………………………… 4	帆足-ミルマンの定理………………… 109
皮相電力…………………………………49	鳳-テブナンの定理………………………80
微分方程式………………………… 39, 122	補償の定理………………………………88
	マ 行
ファラデー………………………… 23, 97	
フィルタ…………………………………72	Maximally Flat ………………………74
フーリエ解析…………………………… 2	マックスウエル…………………………23
フーリエ逆変換………………………… 139	マルコニー………………………………62
フーリエ級数…………………………… 111	
フーリエ級数展開……………………… 112	無効電力…………………………………49
フーリエ係数…………………………… 112	無損失分布定数回路…………………… 160
フーリエ変換……………………… 137, 139	無反射負荷……………………………… 170
フェザー…………………………………56	**ヤ 行**
複素数……………………………………55	
複素正弦波交流…………………………26	有効電力…………………………………49
複素電力…………………………………50	有能電力…………………………………19
ブリッジ回路……………………………70	
分波回路………………………………… 104	余関数…………………………………… 123
分布直列インダクタンス……………… 156	4端子回路……………………………… 188
分布定数回路……………………… 7, 154	$\frac{1}{4}$波長整合回路……………………… 185
分布定数回路の基本式………………… 158	
分布並列キャパシタンス……………… 156	**ラ 行**
	ラプラス逆変換………………………… 145
平均電力…………………………… 45, 119	ラプラス変換……………… 137, 144, 145
平衡条件式………………………………71	ラプラス変換の線形性………………… 147
平行2線………………………………… 156	
並列………………………………………13	離散的変数……………………………… 138
並列共振回路……………………………58	理想化…………………………………… 6
並列コンダクタンス…………………… 158	理想トランス……………………… 66, 184

索　引

理想変圧器……………………66	零位法………………………72
	励振………………………… 1
類推……………………………97	レッヘル線………………… 156
類推関係………………………98	連続変数…………………… 138

― 著 者 略 歴 ―

1959 年　東京工業大学理工学部電気課程卒業
1980 年　東京工業大学教授(工学部)
1997 年　東京工業大学名誉教授
1997 年　東京工業高等専門学校長
1997 年　東京工業大学長
2002 年　大分大学長
2003 年　大分大学名誉教授
2011 年　逝去

基礎　電気回路
Fundamentals of electric circuit　　　　　　© Yukimi Naito 2015

2015 年 2 月 25 日　初版第 1 刷発行
2021 年 1 月 5 日　初版第 4 刷発行

検印省略

著　者	内　藤　喜　之	
発行者	株式会社　コロナ社	
	代表者　牛来真也	
印刷所	有限会社鈴木印刷所	

112-0011　東京都文京区千石 4-46-10
発行所　株式会社　コロナ社
CORONA PUBLISHING CO., LTD.
Tokyo Japan
振替 00140-8-14844・電話(03)3941-3131(代)
ホームページ https://www.coronasha.co.jp

ISBN 978-4-339-00873-9　C3054　Printed in Japan　(壮光舎印刷，グリーン)　(森岡)

〈出版者著作権管理機構　委託出版物〉
本書の無断複製は著作権法上での例外を除き禁じられています。複製される場合は、そのつど事前に、
出版者著作権管理機構 (電話 03-5244-5088, FAX 03-5244-5089, e-mail: info@jcopy.or.jp) の許諾を
得てください。

本書のコピー、スキャン、デジタル化等の無断複製・転載は著作権法上での例外を除き禁じられています。
購入者以外の第三者による本書の電子データ化及び電子書籍化は、いかなる場合も認めていません。
落丁・乱丁はお取替えいたします。